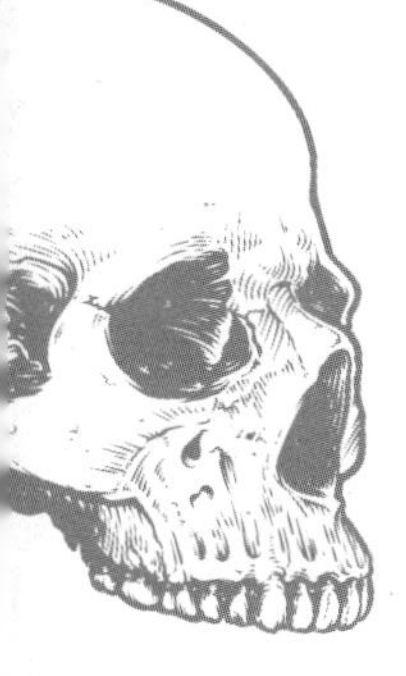
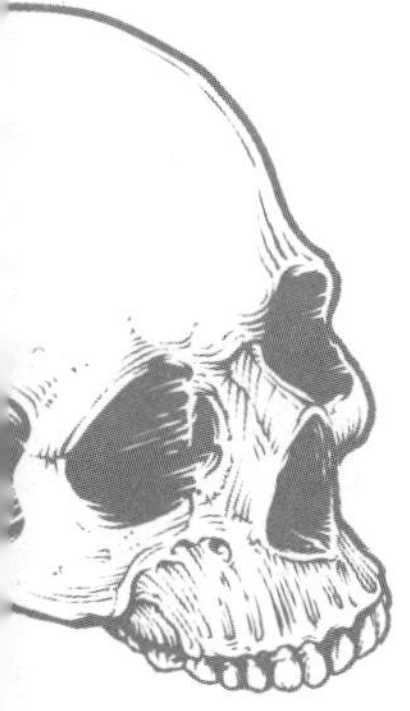
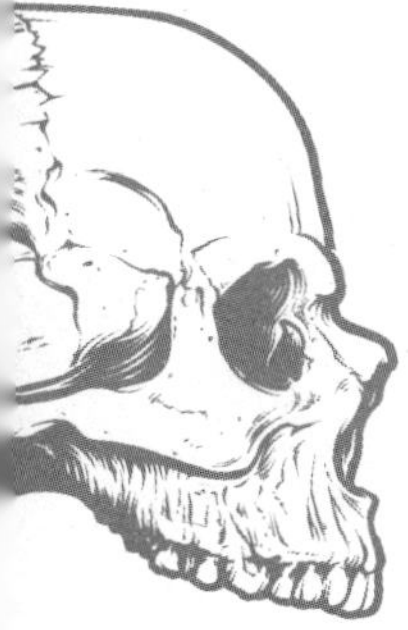

进化的咬痕

牙齿、饮食与人类起源的故事

Evolution's Bite

A Story of Teeth Diet and Human Origins

[美] 皮特·S. 昂加尔（Peter S. Ungar） 著
韩亮 译

新世界出版社
NEW WORLD PRESS

北京版权保护中心引进书版权合同登记 01-2019-2236

图书在版编目（CIP）数据

进化的咬痕：牙齿、饮食与人类起源的故事 /（美）皮特 · S. 昂加尔 (Peter S.Ungar) 著；韩亮译 . -- 北京：新世界出版社，2019.6

ISBN 978-7-5104-6743-1

Ⅰ . ①进… Ⅱ . ①皮… ②韩… Ⅲ . ①人类进化－普及读物 Ⅳ . ① Q981.1-49

中国版本图书馆 CIP 数据核字 (2019) 第 065796 号

进化的咬痕：牙齿、饮食与人类起源的故事

作　　者：[美] 皮特 · S. 昂加尔（Peter S. Ungar）
译　　者：韩　亮
策　　划：中资海派
执行策划：黄　河　　桂　林
责任编辑：贾瑞娜
特约编辑：羊桓汶辛　　刘馥鸣
责任印制：王宝根　　汪勋辽
出版发行：新世界出版社
社　　址：北京西城区百万庄大街 24 号（100037）
发 行 部：(010）6899 5968　(010）6899 8705（传真）
总 编 室：(010）6899 5424　(010）6832 6679（传真）
http：//www.nwp.cn　　http：//www.nwp.com.cn
版 权 部：+8610 6899 6306
版权部电子信箱：frank@nwp.com.cn
印　　刷：深圳市福圣印刷有限公司
经　　销：新华书店
开　　本：787mm × 1092mm　1/16
字　　数：300 千字　　**印　张：**16
版　　次：2019 年 6 月第 1 版　　2019 年 6 月第 1 次印刷
书　　号：ISBN 978-7-5104-6743-1
定　　价：59.80 元

名人推荐

瑞克·波兹（Rick Potts）

美国国家自然博物馆史密森研究院人类起源项目主任

这是一个令人惊叹的故事，《进化的咬痕》详细介绍了人类牙齿的工作方式及它们所保留的人类进化起源的线索。本书称得上是牙齿化石、环境变迁和考古学发现的有力指南，皮特·昂加尔通过与多个科学研究领域的合作向我们展示了食物、饮食和进化的深刻故事。

萨拉·贝莉（Shara Bailey）

纽约大学人类学家

《进化的咬痕》并非只是关于牙齿的作品，本书汇集了地质学、古生物学、生物学、气候学甚至材料科学的证据，向读者介绍了我们与环境的动态关系是如何将我们塑造成现在的模样的。这是一部令人愉快的书。

帕特·希普曼（Pat Shipman）

美国科学促进会会士；英国皇家地理学会会士；宾夕法尼亚州立大学人类学家

本书故事迷人，主题明晰。作者皮特·昂加尔引领我们进入了一个纷繁复杂的世界，让我们能在其中探索化石、当代人的牙齿和进化线索，从而发现人类的进化史。在本书中，他还向我们介绍了进化本身的机制。我不仅想将这本书强力推荐给本领域的专业人士，还想推荐给那些想要了解我们人类是如何获得这些知识的人们。

安·吉本（Ann Gibbon）

美国人类学学会媒体人类学奖得主；著有《人类祖先》（*The First Human: The Race to Discover Our Earliest Ancestors*）

牙齿记录了我们如何进化成人的故事。本书充满智慧又富含专业知识，皮特·昂加尔向我们展示了科学家如何利用古代人的牙齿，从而发现我们的祖先吃什么，怎么吃，以及如何适应气候变化，如何打猎、做饭和应对极其糟糕的旧石器时代的饮食。如果你想知道我们从哪儿来，以及我们最终怎么把牙齿弄得一团糟，那你就应该读《进化的咬痕》。

乔安娜·E. 兰伯特（Joanna E. Lambert）

美国科学促进会会士；伦敦林奈学会会士

本书令人印象深刻，带领我们透过牙齿和日常饮食之窗找到人类史的大门。昂加尔清楚连贯、栩栩如生地叙述了骨头和牙齿上的咬痕。考古人类学家已经总结出，我们为什么要吃东西，怎么吃及吃什么，而作者就是在这个广阔的背景下陈述自己的这些观点。这本书会让你心情愉悦：昂加尔具备一种罕见的天赋，在阐述有趣的个人见解的同时还能解释复杂的科学理论。

K. 克里斯托弗·比尔德（K. Christopher Beard）

麦克阿瑟“天才奖”得主

《进化的咬痕》里既有个人轶事，也阐述了古人类学、灵长类动物学和古气候学等领域一些先驱所做的工作，内容简单易读。

权威推荐

《华尔街日报》(*Wall Street Journal*)

从一开始，昂加尔就把牙齿的进化纳入科学发现史的一部分来做研究。这本书里讲到研究人员的研究方法、他们的发现，以及他们发展出来的理论假说，为读者提供了一个关于牙齿解剖这门深奥科学的短期课程。

《自然》(*Nature*)

在《进化的咬痕》中，古人类学家皮特·昂加尔引人入胜地向我们描述了牙齿、饮食和环境的相互作用是如何影响人类进化的。

《科学美国人》(*Scientific American*)

《进化的咬痕》让人深陷其中，无法自拔。

《科学》(*Science*)

在大多数有关人类进化的读物中，古人类学家通过新发现的化石来拼凑人类进化史。在《进化的咬痕》中，昂加尔采取了不同寻常的方法，他着重研究牙齿的结构和功能，以此描绘出灵长类（活体和化石）和古人类在饮食层面的进化历程……昂加尔的观点既新奇又合理。

美国国家科教中心

揭露人类原始饮食的独家资料！《进化的咬痕》通过古牙齿告诉我们人类祖先吃什么、怎么吃，以及他们如何狩猎和烹饪，如何适应气候变化的秘密。

《美国科学教师协会》（*NSTA Recommends*）

《进化的咬痕》是对牙齿世界的奇妙探索，让我们知道关于现代人类进化的知识，以及塑造这一过程的环境……昂加尔的书是科普书籍中的佳作。他的书写朴实，文风幽默，在必要的数据展示和考古历史之间来回穿梭，平衡有度……这本书值得最高的赞扬和推荐。

《图书馆杂志》（*Library Journal*）

昂加尔一直在研究牙齿的进化。在《进化的咬痕》中，他将自己的研究成果与许多其他学科的新研究结合起来。对于那些喜欢人类学的读者来说，这是一部好书。

《新科学家》（*New Scientist*）

在《进化的咬痕》中，昂加尔借用各种技巧，向我们展示出牙齿形状、磨损形式、古气候学的前沿研究如何发现更多人类进化的秘密。他率先使用 NASA 级别的显微图像来显示牙齿表面的三维形态，彻底改变了一门曾经需要对比齿峰的位置的科学。

《耶路撒冷邮报》（*The Jerusalem Post*）

这是一部充满挑战、引人入胜的书。皮特·昂加尔在世界各地旅行 30 年，他观察动物和化石，并在他的实验室里做研究。他向我们展示了许多智慧、幽默和前沿的科学知识。

目 录

Evolution's Bite

第2章 牙齿的启示

第3章 步出伊甸园

第 4 章　变化的世界

第 5 章　咬　痕

绪 论

Evolution's Bite

我们的口腔中留有进化的遗产。历经无数世代，自然界将人类的牙齿雕刻成最合适的工具，方便我们的祖先咀嚼那些赖以维生的食物。古人类学家需要研究人类的起源，因而在牙齿上花费了不少时间。牙齿是一道桥梁，连接着现在与过去，使一个物种在向下一个物种过渡时有迹可循，帮助我们追踪人类的进化历程。是的，我们当然可以研究化石头骨和骨骼，但牙齿更特殊，它们可以说是现成的化石，经过数百万年光阴，却几乎未曾改变。更重要的是，牙齿是消化系统中留存下来的最常见的部分，也是解码人类祖先饮食的关键。通过牙齿的大小、形状、磨损模式及化学成分，我们可以研究灭绝已久的物种，探寻它们饮食的细节。

由于我们可以利用牙齿重构一个物种的饮食，因此要想知道已经灭绝的物种在自然界中的地位，牙齿就十分关键。在影片《爱与死》(*Love and Death*）中，伍迪·艾伦（Woody Allen）饰演的鲍里斯·格鲁申科（Boris Grushenko）这样描述自然界：

> “大鱼吃小鱼，植物吃植物，动物吃……”他继续说道，“我看到的景象就像一个巨大的餐馆。”

我更偏爱将自然视为一种自助餐，因为动物们可以在它们居住的生物圈内拣选任何生物为食。随着自然环境的变化，这些“生物圈自助餐”的餐点也在不停变换。譬如，当气候变得凉爽干燥，森林被草原替代时，草根和块茎就会出现，取代水果和树叶。不同的栖息地意味着物种将会有不同的食物选项，它们会做出不同的选择，并且与生活环境的关系也有所不同。简而言之，了解一个物种对食物的选择，有助于我们确定它们与其他生物体（无论这些生物体是捕食者还是被捕食者）的关系，确定该物种在周边较大群落内所处的地位。

本书讲述了牙齿、饮食和人类起源的故事。我写这本书的目的是希望阐明一点：我们可以通过研究牙齿来探索人类祖先的饮食情况，并且以此为依据，了解人类在自然界中的地位，以及我们是如何成为今天的人类的。这本书的中心是气候和环境变化对我们祖先的影响。这种影响刚刚开始受到研究人员的关注，而且科学家之所以开始关注气候和环境变化，是因为他们渐渐明白，作为一个物种，我们的成功在很大程度上得益于在遥远的过去，我们的祖先如何应对愈发多变、反复无常的世界。

结合地球系统科学和古气候研究的新进展，辅以研究牙齿是如何工作的新方法，再加上古生物学、灵长类动物学、考古学等领域的新发现，我们对过去有了更加完整的认识，了解了人类的生活是如何随着时间的推移而改变的。我们对这种改变的理解曾经非常简单：蔓延的大草原将我们的祖先从树上诱惑到地面，这种改变带来的挑战使它们最终进化为人类。然而，现在我们清楚地知道，过去的气候条件其实在潮湿和干燥之间来回变化。这种波动将挑食的物种排除出局，只留下那些食性足够灵活的生物，因为它们能从不断变化的生物圈自助餐中找到食物，填满自己的餐盘。人类正是食性最灵活的灵长类物种。无论我们流浪何方，总能找到东西果腹，这便是人类最终得以控制大部分世界的原因。

气候变化为进化提供动力，进化为我们成为人类提供了契机。

我下定决心写这本书，是为了帮助自己看清人类进化的整体格局，并分享我在过去三十年的工作中学到的东西。但是当我开始考虑怎样写这本书时，我才意识到，它不应该止于科学本身，还应该包括那些将知识给予我们的人，以及他们的激情、决心和聪明才智。没有他们，书中的理论将欠缺说服力；没有他们，本书中的故事将不甚鲜活。因此，在接下来的章节中，我们将走遍全球，去探访我的同事及其他科学家，见证他们的新发现，倾听他们为理解人类的过去所提出的各种新理论。

我们将从牙齿，以及它们如何工作、如何被使用说起。如果大自然会选择最佳的工具，那么饮食相异的动物就应该有各不相同，分别与它们的食物相匹配的牙齿。了解牙齿如何工作是捋清牙齿形态与功能的关系的第一步，而形态与功能的关系，是使用牙齿重建已灭绝生物的饮食的根本所在。但这还不够。通过观察现存灵长类动物在自然栖息地的生活，我们发现，决定一个物种以何物为食的因素，远远不止哪些东西是可以食用的那样简单。理解牙齿如何工作、如何被使用的差异，是了解物种的饮食及其在自然界中的位置，并进而理解进化的关键。从这里开始，我们将和传统的古生物学分道扬镳。传统的古生物学认为，动物注定要吃那些与它们的牙齿匹配的食物。是的，每一物种可以吃的东西都受其解剖学特征的限制，但请不要忘记，与之同样重要的是，饭桌上的食物因地而异，并且时不时地会被其他食物替代。换句话说，物种选择食物，不仅仅出于饮食适应性的原因，也与食物是否容易获取有关。当可供选择的食物发生变化时，饮食以及生物与环境之间的关系也会随之发生变化。

在实验室中了解牙齿的工作机制，以及动物在森林中如何使用牙齿后，我们将更进一步，探索过去发生的事情。我们将探讨人类进化过程中形形色色的角色，不仅包括已灭绝的物种，还包括那些努力寻找化石、理解化石的学者。世界变迁触发人类的进化，这个想法并不新奇。科学家此前认为，为了适应不断扩张的大草原，人类离开树木，开始在地面上生活。但随着科学家厘清地球古气候的变化细节，并重构出远古时期的自然环境后，这种旧观点便如狂风中的纸屋一样轰然倒塌。研究发现,地轴的进动及日地轨道的变化会决定气候变化的快慢，而大陆板块的漂移则在不断改变地球的地形地貌。人类的摇篮并没有简单地变得更加凉爽和干燥，随着时间的推移，气候变化的强度在不断增加。我们的祖先所处的世界越来越难以预测，正是他们对这些变化的反应推动了人类的进化。

为了应对气候变化，他们有哪些反应？在大自然替换“生物圈自助餐”的菜品时，我们的祖先选择哪些食物填满他们的餐盘？化石的大小和形状提供了部分线索，但这些线索更多地反映出人类祖先有能力咀嚼哪些东西，而不是每天实际上吃了什么。我们必须转而关注食痕——生物个体咀嚼食物时在牙齿上留下的痕迹。牙齿独特的磨损模式和化学成分也能够补充一些空缺的信息。唯有如此，我们才能了解人类祖先在范围更大的生物群落和自然中的角色与地位。

我们的新方法还能用于探索人类历史上其他伟大的转变。变化的世界如何使人类进化为人类？这是我们所在的生物类别，即人属起源的故事：人类狩猎采集的生活方式的开始，意味着人类拥有了在全球范围内繁衍生息的应变能力。这也是新石器革命发生的故事：人类如何改变游戏规则，从觅食转向农业，开始储备自助餐品。猿类与猴子不再是研究人类进化的理想模型。我们必须研究那些今天仍然以野生动植物为生的少数群落，他们的祖先没赶上“食品生产”的风潮。考古学家也已经在遗址上清理筛选出无数吨尘土，以便记录并解释这些转变。一言以蔽之，狩猎采集和种植养殖的出现都与环境变化有关，而且都在我们祖先的牙齿和骨骼上留下了可供破译的标记。

过去与现在相关联，是过去导致了我们的现在。在现代，我们又经历了一个有趣的转折，将我们重新带回到过去，因为旧石器时代的饮食在当今的社会中大行其道。这引起科学家对牙齿和饮食关系的广泛关注，我的研究关注的便是这一领域。许多人认为，我们当前的饮食与经过进化的身体所适应的饮食极不匹配。他们认为，这是医疗保健系统要应对大量的慢性退行性疾病的原因所在。实际上，对多样化膳食的适应使人类登上成功的顶峰，但同时也使人类受到伤害。出于健康的考虑，我们能吃的东西在种类上远远超过我们应该吃的东西。我不是“旧石器时代饮食”的拥趸，原因很简单，在人类的进化过程中，根本没有单一的祖先饮食可循。不过毫无疑问的是，进化的视角确实能教会我们很多关于身体和身体健康方面的东西。

这本书从牙齿开始，也以牙齿结束。其他生物并没有变形、受到挤压、满是孔洞的阻生齿。为什么只有人类的牙齿会这样？很明显，虽然因为时间和地点的差异，人类祖先吃的食物各不相同，但是我们的牙齿和现在的饮食极不匹配。如果从这个角度考虑，牙齿仍然在向我们展示人类的进化过程。正是牙齿，将我们与祖先联系在了一起。

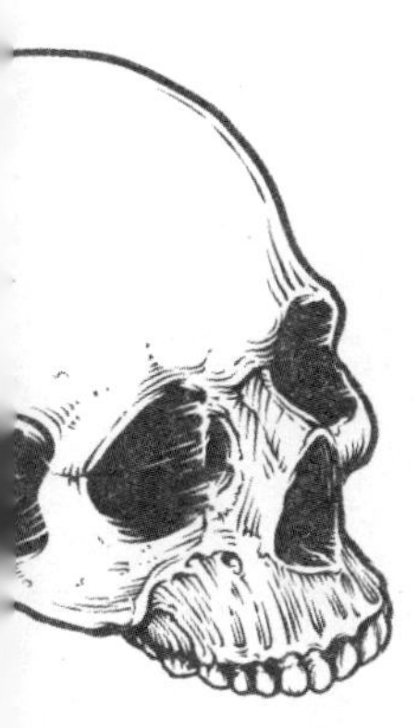
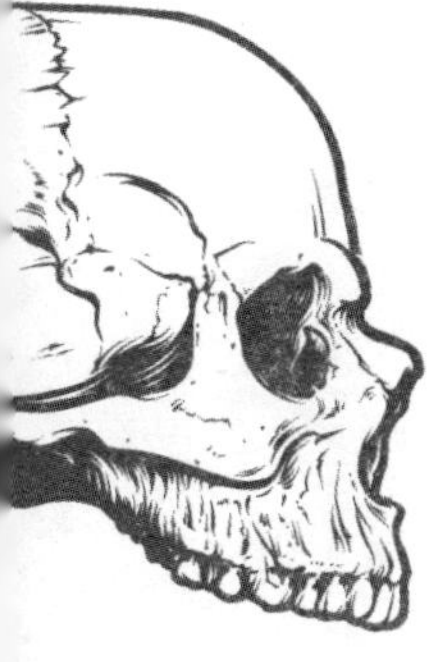

第 1 章　吃荤还是吃素

Evolution's Bite：

A Story of TEETH，DIET，*and* HUMAN ORIGINS

在我两个女儿年纪还小的时候，有一次我带她们去了位于小石城[①]的发现博物馆。那时她们一个不到七岁，一个不到五岁。我们来到博物馆后方的小陈列柜前，那里并列摆放着两具动物的头骨，其中一具是长颈鹿的，另一具是狮子的。我问女儿们："它们哪个是食肉动物？"两个小姑娘看了看头骨上的牙齿，一齐指向狮子的头骨。的确，食草动物和食肉动物的牙齿迥然不同：长颈鹿的臼齿又宽又扁，易于研磨树叶；狮子的牙齿状似刀剑，锋锐无比，利于撕咬肉质。孩子们仅凭直觉就发现了其中的差别。但如何区分相似牙齿间的细微差别？比如食用植物不同部分的草食动物，或食用动物身体不同部分的肉食动物。人类的牙齿呢？它们究竟适合怎样的食物？

在古生物学家眼中，上述每一个问题都十分重要，对于那些研究早期人类化石的学者而言尤其如此。我们古生物学家的工作是记录并解释进化的过程，进而重构出过往动物的种种特征。提起化石，你可能会想到自然历史博物馆里一具巨大的霸王龙（Tyrannosaurus Rex）

①小石城是美国阿肯色州的州府。——译者注（除特别说明外，书中其余注解均为译者注）

骨骼化石，或者一具大到霸占博物馆整个大厅的猛犸象骨骼化石；也有可能，你会想到一具人类远祖的头骨，它刊登在一本科普杂志的封面上，不仅吸引眼球，而且引起人们对人类遥远而隐秘的过去产生无限遐想。但事实可能让你大失所望：这样的化石其实非常稀有，难得一见。

古生物学家发现了数量巨大的牙齿化石，平均下来，我们每发现一具骨骼或完整的头骨，就会发现成百上千颗牙齿。究其原因，牙齿的质地决定了这一切，以人类为例，我们的牙齿被釉质包裹，其成分中 97%是矿物质，其余 3% 则是水和微量的有机物，基本上就是现成的化石。牙齿比骨骼更坚硬，也能经受岁月的磨洗，因而容易保存下来。古生物学家很幸运，因为牙齿是一件极好的工具，能够帮助他们了解过去的动物。比如，如果能够根据牙齿的状况重构出各种动物以何为食，我们就可以以此为桥梁，探寻过往的世界，看看我们的祖先和其他消失已久的物种究竟过着怎样的生活。从牙齿化石中推断出越多关于饮食结构的细节，就越有利于加深人类对以往世界的了解。

但在论及更多细节以前，我们需要先了解牙齿的工作机制。一个多世纪以来，研究人员一直在努力解决这个问题，本章依照时间顺序记载下这个过程。大多数鱼类和爬行动物的牙齿呈钉状，而哺乳动物种类繁多的牙齿正是从这类牙齿进化而来的，这期间究竟经历了怎样的过程？从简单的咬合到复杂的咀嚼行为，牙齿的功能变化是否与它的形状变化有关？牙齿如何将食物弄碎？齿形在咀嚼过程中的磨损是否影响这个过程？每一个问题都会引出另一个问题。新的发现、技术和理论不断涌现，随后又被更新的发现、技术和理论所取代。在拓宽对牙齿工作机制的理解方面，有一部分科学家贡献杰出，而他们的研究都是以前人的研究为基石完成的。

咀嚼的胜利

我们的故事要追溯到大概5亿年前，从最古老的牙齿开始说起。为了捕获并牢牢咬住猎物，一开始，大多数的牙齿都结构简单，这些牙齿形状锋利，可以刮擦、穿刺、抓咬各种各样的生物。这样的构造让牙齿的拥有者在理查德·道金斯①（Richard Dawkins）提出的“进化军备竞赛”中获得优势。捕食者从食物中获得的能量和营养越多，就能繁殖出越多的后代，成功进化的可能也就越高。在原始海洋中，拥有牙齿的优势迅速扩散，最终，有牙的鱼类占据了统治地位，无牙的鱼类只能退居次席。

但是要了解牙齿如何工作的细节，故事开始的时间就要更晚一些，需要从最早期的哺乳动物及其直系祖先谈起。我们首先要了解的是，牙齿的主要功能如何从“捕获猎物”过渡到“用于咀嚼”。咀嚼能将食物切分成更易于吞咽的碎片，还能咬开食物外层起保护作用的外壳（不咬开这些外壳的话，它们将无法在胃肠道中被消化），将食物碎片化还能尽可能多地增大食物与肠道的接触面积，以便消化酶更好地工作。得益于此，早期的哺乳动物从食物中获得了额外的“燃料”。这些“燃料”产生了更多的热量，使得它们能够在夜晚活动，也能在相对较冷或是温差较大的气候条件下生存。这些能量可以让动物维持更高水平的活动，保持较快的行进速度。这不仅增加了它们的活动范围，而且有助于避开捕食者，捕获猎物，以及繁殖和哺育后代。

咀嚼能力为最早的哺乳动物开辟了一个全新的世界，而这个新世界充满可能性。今天，地球上生活着大小不一、形态各异的哺乳动物，种类多样，令人眼花缭乱，下至体重不及3克的凹脸蝠，上至体重近

①英国著名进化生物学家、动物行为学家和科普作家，英国皇家科学院院士，牛津大学教授，《自私的基因》的作者，是当今仍在世的最著名、最直言不讳的无神论者和进化论拥护者之一。

200 吨的巨大的蓝鲸，不一而足。从北极的苔原到南极的浮冰，从山巅到深海，从沙漠到雨林，在各种令人惊奇的栖息地里，随处可见哺乳动物的身影。由此可见，人类所在的哺乳纲，是动物世界中非常成功的一个纲。在很大程度上，哺乳动物成功的原因是它们能够从身体内部产生热量，而正是咀嚼能力为我们的祖先提供了产热所需的“燃料”。

下次吃东西时，你可以注意进食的过程，看看下颌、舌头和牙齿是如何与感官反馈相协调的：为了咬碎食物，你会先发力，移动上下相对的两排牙齿并咬合，位置精确到千分之一英寸(1 英寸 ≈2.54 厘米)，然后再松开咬合的牙齿。为了避免窒息，当食物被含在嘴里时，你的呼吸道和食道会处于被隔开的状态。这一切都是紧密协调的结果，各个部分各司其职，融洽和谐。

这样神奇的系统究竟是如何进化而来的？我们可以从一系列似哺乳类爬行动物和早期哺乳动物的化石中找到答案。这些化石的时间跨度超过 1 亿年，详细记录下了牙齿的进化过程：下颌及其关节的活动性方面的变化，为了移动下颌，肌肉被重新组织；为了分开呼吸道和食道，进化出了软腭；牙齿也发生了分化，门齿、犬齿、前臼齿和臼齿应运而生，所有这些牙齿组合在一起，足以支持咀嚼功能。当一种非常特殊的新型臼齿出现时，转变的过程也就到达高潮，人类以及其他哺乳动物的臼齿都是从这颗臼齿进化而来的。我们的故事，就从这颗臼齿开始。

缺失的一环

在 19 世纪的古生物学领域，爱德华·德林克·科普（Edward Drinker Cope）是最为多产、经历最为丰富的人物之一，他发展出哺乳动物臼齿进化的基本模型。科普是富商之子，于 1840 年在费城城外出生。父亲希望科普成为一位乡绅，但他却对自然历史更感兴趣。虽然他没有接受多少正规的高等教育，只在宾夕法尼亚大学修过一门比较解剖学，但他却拥有丰富的实践经验。科普曾在自然科学院的科学研究所工作，在编目馆中研究收藏的爬行动物期间，为了进行对照研究，他常常去参观位于华盛顿的史密森尼博物馆[①]。科普的父亲既是虔诚的贵格会[②]教徒，也是和平主义者，为了避免儿子被征召入伍，卷入美国内战，1863 年，他把儿子送往欧洲。科普因此得以参观欧洲各地的自然历史收藏品，拜访当地一些最重要的博物学家。

在德国，科普遇见了奥思尼尔·马什（Othniel Marsh）。马什也来自美国，当年还是个研究生，在柏林大学学习古生物学。他们初识时和睦友爱，后来两人回到美国，分别开启了自己的古生物学学术生涯。马什有位叔叔叫乔治·皮博迪（George Peabody），是著名的国际商人兼金融家，非常富有。这位富豪在耶鲁大学创立了自然历史博物馆，马什担任博物馆的首任馆长。科普则在哈弗福德学院[③]任教，他只做了几年的动物学教授，后来为了集中精力做化石研究而辞去了教职，一家人搬到哈登菲尔德，那里在靠近新泽西州西部的地方有一片重要的恐龙化石床。但是在 1868 年马什来到这里之后，麻烦就开始了。马什和那里的采石工达成协议，只要发现新化石，就全部运往耶鲁。科普对此十分愤怒。更糟糕的是，不久之后，在重建一个灭绝的海洋爬行动物的骨架时，科普出了差错，把脑袋接在了尾巴上。马什公开指出了科普的错误，让科普颜面扫地。

接二连三的事件终于引爆一场“骨头大战”，这或许是科学史上规模最大的一场对抗。科普和马什激烈竞争，为了在古生物学领域占据

①史密森尼博物馆位于美国华盛顿特区，是世界最大的博物馆体系，它所属的十六所博物馆中保管着一亿四千多万件艺术珍品和珍贵的标本，同时，它也是一个研究中心，从事公共教育、国民服务，以及艺术、科学和历史各方面的研究。

②贵格会是基督教新教的一个派别，成立于 17 世纪，反对任何形式的战争和暴力。

③哈弗福德学院是美国一所建校于 1833 年的私立学府，位于费城。

一席之地，两人都各耍手腕，意图摧毁对方的事业。19 世纪后期，美国的古生物学界阴云密布，但在愁云惨雾之中，也有一缕微光破空而出。为了战胜对方，两人都倾注了自己毕生的精力与资源，为古生物学做出了巨大贡献。尽管科普英年早逝只活到 57 岁，但他去世时已著作等身，发表了 1400 多项独立科研成果，收藏有 1.3 万个新化石标本。最重要的是，这场全面竞争把古生物学导向了一条光明的道路，为我们研究哺乳动物牙齿的进化奠定了基础。

1872 年，为了考察美国国内西经 100 度以西的部分地区，美国国会批准了一系列探险活动，科普在两年后参与其中。从表面上看，科普是在绘制地质图，但实际上，当时“骨头大战”正酣，科普把这看作一个难得的机会，可以借此在马什还未勘探过的地方搜寻新的化石遗址。在他众多的发现之中，其中一项是在新墨西哥州西北部的古巴镇附近发现的（这是一片不毛之地，地层由一系列的泥灰岩构成）。根据成因的不同，他将该地层分为普尔科组和托雷洪组①。科普发现，该地层的年代比其下含有恐龙化石的沉积地层晚了许多。如今，我们把这两组地层并为一层，称为纳西门托组，它形成于古新世，也就是陨石落在尤卡坦半岛，结束恐龙时代之后，大约距今 6500 万～ 5800 万年。科普当时并未在这一地层中发现化石，但是后来的古生物学者亨利 · 费尔菲尔德 · 奥斯本（Henry Fairfield Osborn）将让世界认识到纳西门托组的重要，他说：“这是我生命中最独特、最重要的发现。”

科普根据自己的勘探成果发表研究后不久，马什便聘请一名住在边远地区的居民为他搜集化石。此人名叫大卫 · 鲍德温（David Baldwin），也是地图测绘探险队的一员。在此后的 4 年中，鲍德温带着一头体力勉强凑合、性格温顺的驴子，时不时出没在新墨西哥州西北部，为马什寻找标本。这位化石搜集者没有受过系统训练，文笔也

①无对应中文译名，现根据地质学中地层分组的习惯，音译为普尔科组和托雷洪组。

很差，但擅长顺着岩层寻找化石。他找到许多风化的骨头和牙齿的碎片，然后把它们装箱寄往耶鲁大学。但可惜的是，马什对这些破碎的化石不感兴趣，鲍德温也没能得到自己期待的高薪。两人为酬劳问题争执不下，最终一拍两散。从那以后，鲍德温转投到科普麾下，为他采集标本，一干就是 8 年。

马什没有意识到鲍德温发现的东西有多重要，但科普没有错估它们的价值，尤其是发现于纳西门托组的化石。这些化石属于首个在美洲发现的古新世（图 1.1）陆地动物，是恐龙灭绝后原始哺乳动物的最佳记录载体。鲍德温找到的每一件化石几乎都是新发现，普尔科组中的化石属于许许多多新的物种，科普据此描述出不下一百种脊椎动物。这是一项举世震惊的新发现，而马什已经错过。“骨头大战”中固然发现了很多美丽的庞然大物，但比恐龙更为重要的是那些骨头和牙齿。对于关心哺乳动物化石的人来说，这些细碎的东西价值非凡。现存哺乳动物的臼齿形状多样，鲍德温发现，它们与爬行动物细小的锥形齿有着千丝万缕的联系。十多年来，科普一直在研究简单的锥形齿如何演变得更加复杂，而鲍德温的新化石是他手中一把关键的钥匙，能够

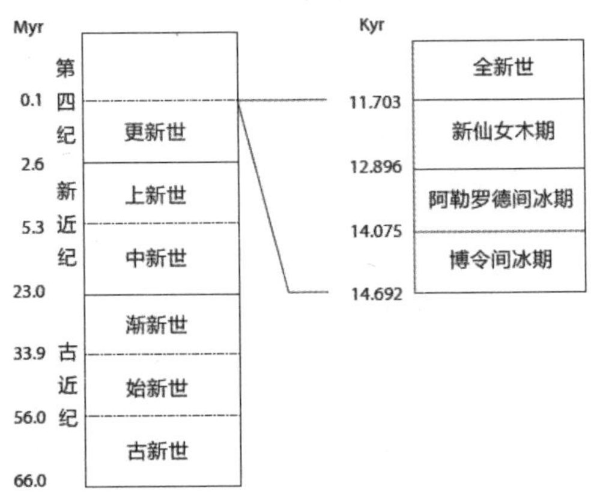

图 1.1 地质年代表

“Myr”代表“百万年前”；“Kyr”代表“千年前”。

解开哺乳动物臼齿如何进化以及为何多样的谜团。

1883 年，科普在美国哲学学会[①]（American Philosophical Society）的会议上介绍了这种牙齿，将其称为“三尖齿”（图 1.2）。上排的臼齿大多具有三角形咬合面，主要有三个突出的齿尖或结节，其中两个在颊侧，一个在舌侧。一排上臼齿基本上就由这些三角状的牙齿组成，它们首尾相连排列成行，基座连续，尖端朝向相同。前端到末端的牙齿衔接在一起形成一条锋锐的脊线，每颗牙齿的尖点相连，就形成了一个开口向着舌头的“V”。所有的牙齿排列成行，每颗牙的齿冠就会连成一条锯齿形尖峰，状似锯齿形的饼切器（状如 VVV）。

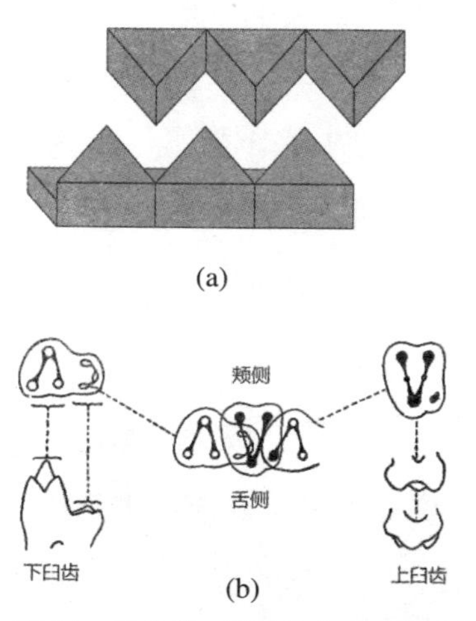

图 1.2　三尖齿，后被称为“磨楔式齿”

(a) 上下臼齿的倒三角结构；(b) 上下臼齿图解，改自亨利·费尔菲尔德·奥斯本所著《哺乳动物磨楔式齿进化前后的臼齿进化》（*Evolution of the Mammalian Molar Teeth to and from the Tribosphenic Form*）。

上下牙相互匹配，恰好填入彼此的三角形空隙之内，使得相对的尖刃彼此滑动绞合，各行剪切。鲍德温发现的古新世牙齿拥有惊人的切片与切丁能力，比电视广告里的食品处理机厉害多了。不仅如此，

①又称作美国哲学会，是美国历史最悠久的学术团体。大部分入选会员都是数学、物理、地理、生物科学、医学研究、社会科学、人文学科各领域的代表。

下牙牙脊较低，形成了一个与内牙尖相对的凹槽，可以同时切断并粉碎食物。三尖齿是一项令人目眩神迷的工程设计，而且意义重大，可以用来揭示进化的秘密。有了三尖齿，科普才可能将爬行动物先祖原始的锥状齿与后来出现的哺乳动物特有的牙齿联系在一起。

科普推断，哺乳动物的先祖最初也是锥形齿，后来才在牙齿的前后发展出小尖点。随着时间的推移，自然选择开始改变牙尖的位置，使上牙牙尖外扩，下牙内缩，不再遵循原始锥状齿的规律，而是呈现出相对两排倒三角形状的牙齿。下牙后端的牙脊进一步完善了这个结构。科普认为，在这种基本形式的基础之上，很容易发展出现存哺乳动物的牙齿：拉直齿冠，去掉牙脊，就是猫狗的利齿；给三尖齿添上第四个尖点，将三角形变作四边形，再抬高牙脊，就是我们人类的臼齿；继续微调，就能构建出马或牛的牙齿。一步接着一步，科普追溯出从爬行动物锥状齿，到远祖哺乳动物臼齿的进化之路。如今多种多样的哺乳动物都是从这些远祖进化而来的。他的理论极富才气，以化石为明证，基于直觉，终于理性。

半个多世纪后，古生物学家威廉·金·格雷戈里（William King Gregory）写道："人们讶异于科普对牙齿进化的惊人洞察力。后来的成就实际上只是验证并详述他当年的预言。"

请想象一幅缺失大部分碎片的拼图，而且你没有示例图可以参照，不知手头的部分该如何相互拼接。科普要做的比这更加困难，但他拼凑出来的图形却基本准确。他的模型很快被后辈亨利·费尔菲尔德·奥斯本证实，后来，这位有为的后生成为普林斯顿大学的比较解剖学教授。奥斯本甚至把研究推向了更早的时代，他从原始哺乳动物的牙齿开始，一直追溯到中生代（这是恐龙的时代，它们的牙齿更为原始）。这些研究使得他填补了科普的模型缺乏的一些细节。如今，我们可以挑剔地说科普-奥斯本模型有些细节仍然有待商榷，特别是奥斯本补充的那一部分。但瑕不掩瑜，要建构哺乳动物牙齿的起源与进化，该模型仍旧是我们的理论基础。

一切秘密都在细节中

科普和奥斯本都不关心牙齿的实用性细节。那些已经变为化石的牙齿当年究竟如何工作，又适用于何种食物？早期古生物学只注重采集、描述和命名化石，后来才逐渐发展到将物种分类，弄清物种间的关系，追踪物种在解剖学上的演变。三尖齿的进化就是其中一例：确定这种臼齿的类型，弄清楚它如何由简单的锥状齿发展而来，就是这个研究故事的全部。没有这些细节，研究人员就无法理解牙齿在哺乳动物咀嚼中的作用，也无从得知牙齿是如何演变为今天这个样子的。

另眼看化石

早在 20 世纪 20 年代，乔治·盖洛德·辛普森（George Gaylord Simpson）仅凭直觉便认识到，化石是过去动物的遗存。那时，辛普森还只是耶鲁大学的研究生，导师是师从于奥斯本的皮博迪博物馆的新任馆长理查德·斯旺·勒尔（Richard Swann Lull）。辛普森做出了与师祖奥斯本一样的选择，开始研究中生代的哺乳动物。在“骨头大战”期间，皮博迪博物馆的第一任馆长马什收集了丰富的化石，并将其分类整理，可是还有很多牙齿和颌骨没有得到适当的清洗和研究，也没有确切的描述。辛普森希望能由自己完成这些工作。勒尔起初并不是非常支持他的选择，但几个月后，他还是勉为其难地默许了辛普森的工作。凭借馆内的标本，辛普森写出一系列的论文，其中许多还是他在研究生院学习时所写。正可谓造化弄人：借助马什收藏的化石，辛普森最终深化了科普的理论！

在辛普森的系列论文中，第四篇尤为重要。在这篇文章中，他介绍了一种全新的观察化石的方式。用辛普森的原话，这种方式就是“研究者要把化石看作古老并已灭绝很长一段时间的哺乳动物群体，它们是有血有肉的生物，而非破碎的断骨。”在今天看来，这种观察方法再平淡不过，化石自然是曾经鲜活的动物留下的骨头和牙齿，除了采用生物学的原理，还能用怎样的方式理解它们呢？但在当年，大多数古生物学家并不认为化石是曾经存活过的生物的遗存。事实上，在辛普森发表论文的几年前，“古生物学”这个术语刚刚出现，引入这一概念的人是皮博迪博物馆的前馆长查尔斯·舒克特（Charles Schuchert），辛普森可能受到了他的影响。

辛普森利用牙齿形状和磨损面上的划痕方向来判断上下牙如何配合，又如何在咀嚼时移动。他将自己研究的多瘤齿兽（一种已灭绝的生物，牙齿前后排列整齐，有两至三排臼齿，每一颗臼齿的齿尖可达八个之多）与现存动物做比对，发现没有任何动物有与之相似的牙齿结构。不过，多瘤齿兽有尖刀状和锯齿形的前臼齿（就像牛排刀一样），与分布在澳大利亚的鼠袋鼠相似。因此辛普森认为，多瘤齿兽和鼠袋鼠一样，在生活中必须用后牙来研磨坚硬的植物。它们臼齿上的磨损和划痕表明，在咀嚼期间，下齿尖在上齿尖之间由前向后滑动。对于富含纤维的植物来说，这些牙齿就像是一台出色的铣床。它们应该运作得十分顺畅，因为多瘤齿兽存在超过 1 亿年之久，而且多数情况下，它们是生活区域中的主宰。

完成博士论文后，辛普森继续研究中生代的哺乳动物，在伦敦的大英博物馆和欧洲其他藏有自然历史收藏品的地方生活了一年。1927 年，辛普森返回美国，在纽约市的美国自然历史博物馆工作，当时博物馆的馆长正是他学术上的师祖亨利·费尔菲尔德·奥斯本。在接下来的几年里，辛普森进一步发展他在牙齿形态和功能方面的观点，并在 1933 年发表了一篇名为《侏罗纪哺乳动物古生物学》（*Paleobiology of Jurassic Mammals*）的论文，详细阐述这一点。辛普森后来成为 20 世纪最具影响力的古生物学家，发表了 400 余篇文章，但就我个人而言，这篇论文是其中最重要的一篇。他在这篇论文中写道："对于哺乳动物的进化，牙齿形态本身的改变并无决定性的影响。哺乳动物是活生生的生物，牙齿也并非简单的无机物，而是获取并利用营养的一种手段。这种古生物学方法为牙齿的研究注入了生命力，并使其拥有真正的意义。"

在这篇发表于 1933 年的论文中，辛普森为我们理解牙齿是如何工作的这一问题奠定了良好的基础。首先，他推测咀嚼是颌骨运动和牙齿形状结合的产物，然后区分了咀嚼过程中，垂直运动和水平运动的差别，以及上下均有齿尖的牙齿与上下牙分别有齿尖和凹槽的牙齿的差别。辛普森认为垂直运动就像剪羊毛一样，是由齿尖带动食物滑过一颗颗牙齿，将食物切碎；水平运动则是齿尖令食物滑入凹槽进行研磨。垂直运动的齿尖正好与凹槽相对。接着，他将不同的咬合类型与饮食相匹配，认为剪切式咬合一般用来处理肉类，而研磨则用来处理植物，两种牙齿相互配合，便可处置杂食。确切地说，辛普森建立的模型比上述内容要复杂一些，但其基本要点总结起来就是简单的一句话：牙齿在咀嚼中具有指导性的作用。因此，我们可以利用牙齿化石的形状来分析过去的哺乳动物如何咀嚼，以及它们都吃些什么。自那时起，研究人员便更多地把注意力放到了这些细节之上。

此外，辛普森还创造了一个新的术语"磨楔式齿"（tribosphenic）来代替"三尖齿"（tritubercular）。命名方式的变化展示出思考方式的改变。过去的名词只是简单地记录牙齿形状，说明它具有三个瘤尖或齿尖，新的术语则强调其使用方式，更注重对功能的描述。"Tribein"是希腊语，意为"摩擦，研磨或磨碎"，而"sphen"意为"楔形物"；"Tribo"对应辛普森所描述的功能，科普所言的上臼齿三角形咬合面和下臼齿后方的支撑就像臼与杵的关系；“Sphenic”说明三角状的下牙如楔子般嵌入上牙间的空隙，以便在两排利齿间完成剪切。剪切、粉碎和研磨能由同一颗牙齿完成，这种牙齿算得上伟大的多功能工具。辛普森与他的前辈科普和奥斯本持相同的观点，认为磨楔式齿是所有现存哺乳动物牙齿的“起点和共同基础”。

辛普森与他的同辈人花费数年之久，将磨损面与上下相对的牙齿化石进行匹配，以确定它们的组合方式。为了重建牙齿的运动模式，他们考虑了磨损面上的划痕方向、颌骨关节的移动性，以及咀嚼肌在颅骨上的附着部位。在接下来的几十年里，越来越多的化石得到研究人员的关注。有些人向前追溯到哺乳动物的始祖爬行动物，其他人则更进一步，尝试找出现存种群各自的进化线路。于是，在这个过程中，哺乳动物牙齿进化史的轮廓开始逐渐成形，古生物学家纷纷推测，咀嚼和饮食如何随着时间的推移在种群内部和种群之间改变。但不是每一个结论都是一致的，当年的研究人员已经尽了最大的努力。对于牙齿在咀嚼过程中如何相互匹配并相对运动，当时的人们欠缺一个更好的理解，因此在整个研究过程中，没有人记录现存动物咬碎食物的方式。当然，这说起来容易做起来难，因为比起咬碎食物，说话不过是把脸颊、嘴唇和舌头的运动组合在一起而已。

生死“桥梁”

说到连接化石与现存哺乳动物的桥梁，就不得不提及一位古生物学家法兹·克朗普顿（Fuzz Crompton）。克朗普顿意识到，要想完美填补二者之间的空缺，就必须与一位具备实验技能的生物学家合作。他没有让这个想法停留在空想之中，而是将其付诸实践。20 世纪 50 年代早期，法兹·克朗普顿正在剑桥攻读博士学位，研究题目是中生代早期似哺乳类爬行动物。他在 1954 年回到祖国南非，并在接下来的 10

年中先后为布隆方丹[①]和开普敦的博物馆工作，研究哺乳动物颌骨和牙齿的起源及发展。1964 年，克朗普顿接受了管理耶鲁大学皮博迪博物馆的职位，并在前往纽黑文的途中顺道前往伦敦。无论是对他的研究生涯，还是对我们现今理解牙齿的工作机制而言，这次中途停留都具有决定性的意义。

在伦敦，克朗普顿先是拜访了一位朋友，随后又去见了圣托马斯医学院的一名研究生。他的朋友刚刚听了凯伦・希美（Karen Hiiemae）的演讲，当时希美用 X 线研究鼠类的下颌运动的做法开了先河。克朗普顿想道，倘若把研究对象换成牙齿，结果会如何？这项新技术可以用来观察牙齿的运动吗？如果有可能，也许可以确切地看到观察对象在咀嚼时，上下相对的两排牙齿是如何协作的。这或许是一个发展辛普森学说的绝佳方法，有助于了解牙齿形状对咀嚼的影响，以及磨损面如何形成。带着这些想法，克朗普顿约见希美，并就此开始了长达 40 年的合作。1967 年，两人在皮博迪博物馆的地下室架起一台早期的 X 线成像机，并开始认真观察动物的咀嚼行为。

他们的第一个观察对象是负鼠。负鼠是一种原始的哺乳动物，它有点像老鼠，但体型和家猫差不多大，是一种生活在美洲的有袋动物。负鼠的分布范围极广，覆盖了大半个西半球。它们不挑食，无论是浆果、坚果、昆虫还是小脊椎动物，基本上什么都吃。科普和辛普森很早以前就发现，负鼠有着与哺乳动物先祖相似的原初类型的磨楔式齿。这就意味着，可以认为负鼠在某种程度上是活化石，即研究哺乳动物牙齿功能的完美起点。如果克朗普顿和希美能观察到负鼠的咀嚼，并且将牙齿形状与下颌运动联系起来，那么我们就可以了解早期哺乳动物的臼齿是如何工作的。如果这一方法成功，要确定更多特定牙齿与颌骨运动的关联也就容易多了。要是再假以时日，那么了解不同类型的

①布隆方丹是南非的司法首都，处于南非的地理中心。

哺乳动物臼齿的进化也并非难事。

两人观察发现，负鼠有两种使用牙齿的方式：首先用锐利的牙齿尖端穿透食物，软化食材，为下一步咀嚼做好准备；然后在齿尖“斜坡”上形成的冠脊之间切割食物。从侧面观察，下牙顶端呈 V 形，上牙顶端呈 Λ 形，因此，当上下牙相对滑动时，牙齿的刃脊就像两颗钻石贴合在一起的坚硬表面，困在其间的食物无法脱离，只得被牙齿切碎。这样的牙齿有点像雪茄刀：负鼠的牙齿是一个良好的多用途工具，其上的多重切面和锋利牙尖使得负鼠可以处理各种各样的食物。

X 线研究表明，科普、奥斯本及辛普森在几十年前做出的推断正确无误：对于后来进化出的特化类型的牙齿，磨楔式齿确实是它们进化腾飞的起点。以猫、狗等食肉动物为例，与其先祖相比，它们的牙齿已将许许多多的小剪切面合并成几个大的剪切面，以便集中力量切割坚韧的动物组织。克朗普顿和希美还拿猞猁做过范例，其上颌的最后一个前臼齿和下颌的第一臼齿长而锋利，它们在咀嚼过程中相互咬合，从前向后运动。这种牙齿被称为“裂齿”，正如它的名字一样，食肉动物正因为有这种牙齿才能在单一的运动方式中切割大块血肉。由于裂齿齿刃运行的范围不会超过牙齿本身的长度，所以在咀嚼过程中，基本上不会出现我们在磨楔式齿中观察到的单向反复运动。这样的工作系统更像是切纸机或断头台，只用上下剪切的方式来切断物体。

虽然发展的方向不同，但食草动物的臼齿也是由磨楔式齿演变而来的。食肉动物只需将食物切片，使其小到足以吞咽即可。但坚韧的富含纤维的植物在到达肠道消化之前必须尽可能被磨碎，食肉动物根本不可能把食物切碎到如此程度。正如克朗普顿和希美在一篇论文中提到的，只要观察一条试图吃草的狗，你就会明白这一切。方形齿是草食动物特有的牙齿，这类牙齿的咬合面宽而平坦，主齿上有一排排齿顶较低的齿尖，就像是一块洗衣板或一把锉刀，粗糙的表面上有紧密堆叠的凸脊。当上牙的齿尖向下牙移动时，植物就在上下相对的牙齿之间被磨碎。以奶牛和绵羊为例，它们的齿尖从前向后运动，所以食物在它们的口中会从一边咀嚼到另一边。对于许多啮齿动物而言，它们的齿尖横跨在齿冠之上，因此它们咀嚼时需要从后往前。虽然看上去这些咀嚼方式不尽相同，但它们的基本原理是一致的。

从牙齿看食谱

负鼠、猞猁、牛、羊都是极好的研究对象，但是我们的研究重点是人类。如果想从根本上了解人类的牙齿是如何进化而来的，我们就需要从研究灵长类动物如何咀嚼开始，并关注物种之间牙齿形状的微妙差异，以及这种差别与饮食的相关性。在现存的动物中，与我们亲缘关系最近的动物并没有原始的磨楔式齿，也没有刃状的裂齿或复杂的磨牙。猴子和猿类有简单的方形齿冠，它们每个牙冠上有四五个齿尖，有些又钝又圆，有些又尖又利。在其舌侧和颊侧的齿冠上，冠脊从前到后分布有齿尖，牙槽则形成于这些齿尖之间（图 1.3）。

20 世纪 70 年代早期，经过研究，另一位耶鲁大学的研究生里奇·凯（Rich Kay）发掘出了更具体的细节。最初，凯并没有兴趣在辛普森的理论基础上做研究，也没考虑过要与法兹·克朗普顿合作。他入校时，克朗普顿刚刚离开耶鲁大学前往哈佛大学的皮博迪博物馆任职。凯到耶鲁大学的初衷是探索埃及西部沙漠的采石场，他想到那里寻找灵长类动物的化石。但是，正如罗伯特·伯恩斯（Robert Burns）所说，“无论是谁，即使他精心安排，结局也往往出乎意料”。凯刚到纽黑文，耶鲁方面的一些队员就不慎误闯埃及军营。当时阿以六日战争[①]刚爆发不久，作为回应，埃及政府就此关闭了正在做科学研究的采石场。凯需要一个新的研究项目。

①阿以六日战争，即第三次中东战争，发生在 1967 年 6 月初，以阿拉伯国家的失败告终。

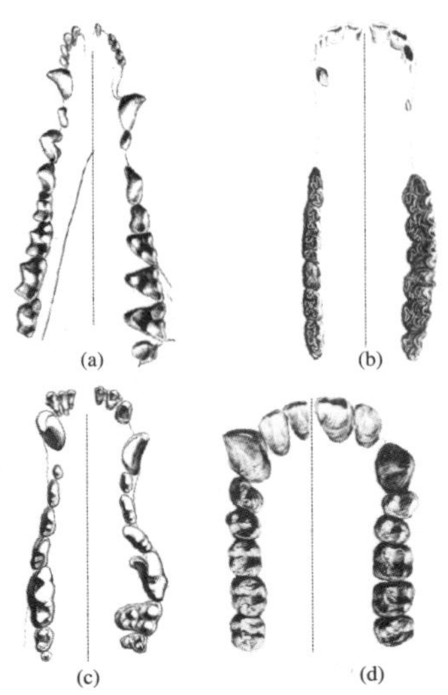

图 1.3　哺乳动物的牙齿

(a) 杂食动物（负鼠）；(b) 食草动物（马）；(c) 食肉动物（狼）；(d) 食果动物（黑猩猩）。图片 (a) 和 (c) 来自奥顿托戈拉菲・克里斯托弗・吉贝尔（Odontographie Christoph Giebel）所著《脊椎动物化石和现存牙齿表征系统比较》（*Vergleischende Darstellung des Zahnsystemes der Lebenden und Fossilen Wirbelthiere*）；(b) 和 (d) 来自理查德・欧文（Richard Owen）所著《牙体形态学》（*Odontography*）。

幸运的是，克朗普顿那时刚好回到纽黑文，作了一系列哺乳动物如何咀嚼的讲座。凯深深为之着迷，并受邀访问哈佛大学新的克朗普顿实验室，很快，凯就在那里开始与凯伦・希美的合作。在接下来几年里，两个人花了很多时间观察猴子如何咬碎、切断和研磨不同种类的食物，并记录下整个过程。与负鼠一样，灵长类动物相互啮合的上下牙在彼此滑动的同时，食物会在门齿齿冠的前缘之间切割，而这些齿冠连接着牙齿正面和背面的齿尖，下牙的齿尖压进上牙的凹槽，食物就会被粉碎，反之亦然。牙齿之间的咬合与滑动相结合，就造成了研磨的效果。

除了对灵长类动物的咀嚼感兴趣，凯还想找出牙齿形状和饮食之间的联系。这意味着他的研究正向古生物学偏移，因为寻找这种联系，能够出色地衔接起他在哈佛大学的工作，以及他对灵长类动物化石的兴趣。他需要测量切齿齿冠的长度，以及用于粉碎和研磨的区域：齿冠越长，就越适合剪切；凹槽越大，就越适合粉碎研磨。他需要大量食性已知的灵长类动物化石牙齿，这些研究需求促使他走近耶鲁大学与哈佛大学的博物馆，以及美国自然历史博物馆的馆藏。

美国自然历史博物馆的公共区域是一个巨大的开放式展厅，里面陈列着大象的毛绒制品、霸王龙的巨大骨骼，以及重达 10 吨的陨石。但隐藏在大门后面，博物馆里还有另一个鲜为人知的世界。博物馆馆长的办公室通常又小又窄，里面堆满书籍和文件，它们要么摞成高高的一沓，要么杂乱地散落在地板上。馆长们的工作是修缮和保养馆内数量庞大的标本，除此之外，他们没有多余的精力去组织其他的活动。大多数游客看到的展品不及馆藏的百分之五，以灵长类动物为例，绝大多数的动物头骨通常都放在陈列柜上的小盒子里。在大多数博物馆中，这些盒子都放在大大小小的房间里、房间之间的走廊上，或是任何能放东西的地方，它们从地板一直堆到天花板上。陈列柜间彼此相连，除了一些为到访的研究者准备的旧桌子外，再别无他物将展柜隔断。与多彩的展厅相比，这些褪色白墙后的房间简直是另一个世界。

凯就在这些旧桌子旁度过了无数个日夜，牢牢注视着显微镜下微小的牙齿局部。他测量了数千颗灵长类动物臼齿上的冠脊、凹槽，以及其他特征，然后开始着手整理这些破碎的数据，把水平轴上的牙齿长度和垂直方向上的牙冠高度分清楚。和他预料的结果一样，测量数据显示，与食用水果的生物相比，食用叶子或昆虫的生物，它们齿冠的高度超过牙齿在水平轴上的长度。道理很简单，换做是你，你也会选择用刀片而不是一把锤子来粉碎叶子。当然，如果你是想打碎又硬又脆的东西，或是要把一个果肉状的软物分开，则另当别论。先别急，这些问题我们以后还会论及。

凯发展出一种定量的客观方法来依据牙齿形状估计寿命较长的灵长类动物的饮食。无论是牙齿化石还是食性明确的现存生物牙齿，都可以用相同的方法测量尺寸，并绘制成图。一个化石牙齿的冠脊长度可能碰巧与现存的以水果维生的动物相吻合。现在的教科书中把这种方法称为“剪切系数分析”，这一方法很快在全世界扩散开来，成为古生物学界牙齿测量的标准方法，直至今天仍然应用广泛。

凯的研究方法是自下而上的归纳推理。在大多数情况下，历史科学的成果不是由全身裹着实验服的研究人员取得的，他们的工作也不是在烧杯中混合化学试剂，或者一边观测在迷宫里寻路的老鼠，一边在记录本上涂抹两笔。有些故事发生在遥远的过去，而你无从实验考证。发现一些适用于当今自然界的基本原理和生物间的关系，并假设这些原理和关系古已有之，已是我们最大的奢望。历史科学要大胆假设，小心求证。例如这个推断：“切齿长的猴子吃叶子”，我们并不确定它是否适用于所有时期的猴子，但我们可以求证于如今的灵长类动物，看看它是否存在问题。如果食用叶子的生物只有长切齿而没有短切齿，那么这样的推论或许就是正确的，因为这样的生物结构有它自身存在的意义。因此，我们可以利用现存物种求证牙齿“形态与功能”关系的假设是否成立，如果没有证据证明假设的错误，那么在利用牙齿形态推断其功能时，我们就可以更有信心地运用这些假设。

咬碎食物的工程学

到目前为止，我们一直着眼在“咀嚼”上，注重的是牙齿的协作方式，以及它们在形状上如何匹配，这意味着牙齿的主要功能是引导咀嚼。切齿在剪切过程中相互滑过，而齿尖则在牙槽处将食物粉碎。从颌骨的角度分析，牙齿在这场咀嚼游戏中基本上是个被动的角色。

另外，咀嚼的根本是咬碎食物，而不是移动下颌。所以如果从食物的角度分析，那么牙齿在这个过程中是积极的参与者而不是被动的角色。这似乎是个语义学问题，但实际上绝非如此。从根本上说，以食物为先决条件来考虑牙齿的作用而不是从其他的角度，就是以不同的方式思考咀嚼的过程。当研究牙齿的学者彼得·卢卡斯（Peter Lucas）引进这种方法时，它动摇了我们所受训练的固有基础。卢卡斯从基本原则出发，采取自上而下的演绎方法来理解这一过程。他利用咬碎食物的物理规律提出假设：在这种情况下，能嚼碎食物的“理想化”牙齿具有某种特定性质，通过比对“理想化”牙齿与现实生活中存在的牙齿，我们可以测试出二者之间的匹配程度。

20 世纪 70 年代，卢卡斯在伦敦学习体质人类学，而且对牙齿和人类的进化很感兴趣。不过卢卡斯更像是一个失意的物理学家，因为比起人类学家，他更喜欢跟物理学家和工程师待在一起。确实，物理学可以用来计算牙齿如何咬碎食物，有了这些知识，通过牙齿形状再现化石生物的饮食就不再是天方夜谭。他在毕业论文中运用了这个方法，第一次将机械工程原理应用到牙齿研究中，并得出成果，找到了灵长类动物磨碎食物的方法。在接下来的 3 年时间里，卢卡斯在伦敦盖伊医院的实验室里做博士后的工作，进一步完善研究中的细节问题。

1983 年，新加坡国立大学聘请卢卡斯担任教师。卢卡斯的下一步工作本是利用新发现来研究牙齿化石如何嚼碎食物，可是新加坡没有化石可供研究，于是他不得不找点别的事情来做。过了没多久，卢卡斯遇上了理查德·科利特（Richard Corlett）——一位生态学家，在卢卡斯前一年抵达新加坡岛，当时正在武吉知马[①]的自然保护区工作。这个自然保护区是一个遗存的小热带雨林，距离新加坡国立大学只有几分钟车程。卢卡斯和科利特一拍即合，开始一起研究保护区里的猴子，记录猴群进食时的饮食和牙齿的使用情况。一切都步入正轨，卢卡斯出现在正确的时间和正确的地点，拥有正常的心态以及专业的知识。

①位于新加坡主岛中心附近的一座丘陵，海拔 163.63 米，为新加坡的最高点。

后来他收集了一些食物样本，并把它们带回实验室，弄清楚它们是如何被咬碎的。把摄食行为和食物被咬碎的方式结合起来研究是革命性的做法，改变了我们对牙齿工作模式的认识。

研究人员在卢卡斯开始田野调查之前就已经认识到，食物碎裂的方式取决于其物理性质。但如果没有断裂力学[①]的坚实基础，他们很难取得实质性的进展，弄清楚这一切究竟是如何发生的。“小而坚硬的物体”“粗糙的或纤维状的植物”“坚硬的种子和果仁”，古生物学家随意描述这些食物，以至于就算是斯多葛学派[②]的材料学家，也会在如此混乱的记录中畏缩不前。描述性术语，譬如硬、软、韧、脆，它们各自都有精确的定义，词汇的滥用令工程师们十分挫败。更重要的是，这些术语代表了一种错误的思考方式，认为根本不存在某种特定的食物，需要以特定的方式来咬碎。此外，研究人员还用这些术语表示不同的物体，在这种情形下，要取得进展很困难。卢卡斯的工作让许多研究人员意识到这一点，并促使他们从食物属性的角度看待咀嚼的过程。

食物的破碎方式

食物的破碎方式是什么？这个问题很简单，但大多数古生物学家都没有认真思考过它。如果不能回答这个问题，便不能真正理解牙齿的工作机制。最简单的弄碎食物的定义，就是造成并扩大裂痕，其关键在于材料的断裂力学性质。我们先假设，除非没有选择，多数生物都不愿意被吃掉。当然，肉质果实是一个例外，但植物和动物的确尽了最大努力来避免自己被吃掉。为了阻止捕食者的掠食，有些生物会逃跑或反击，还有一些甚至进化出了毒素。

除此之外，还有一些生物进化得难以被撕咬开，以至于捕食者

①固体力学的一个新分支，它是研究材料和工程结构中裂纹扩展规律的一门学科。

②是希腊化时代一个影响极大的思想派别，主张宿命论和禁欲主义。

难以下咽，或至少让它们消化得不顺畅，从而使捕食者觉得不值得在这个麻烦的食物上花费太大力气。这就是断裂力学的价值：动植物让自身的组织变得坚硬或强韧，使其不会轻易地出现裂痕，或者就算裂痕出现，也不会进一步扩大。这是一个需要取舍的过程，因为坚硬的食物往往韧性不足，而韧性高的食物又往往硬度不足。比如核桃，它的外壳很硬，除非在某处集中施力，否则不容易造成裂缝。但它也是脆弱的，一旦裂缝产生，就很容易扩散。生肉则是一个反例，它很有韧性，虽然表面很容易被刺穿，但撕裂它很费力气。

不过，关于食物如何被破碎的问题，还有更多的要点需要讨论。在一个材料被折断的瞬间，它的弯曲度是多少？材料的延展性如何，拉伸后还会恢复到原来的形状吗？固体材料具有相当多的属性，每种属性也未必就非此即彼。以硬度为例，它也是由几种不同因素的组合决定的。实际上，我这样的说法还是不够精确，如果有人在材料科学的会议上这样讲，很有可能会遭人白眼。不过，只要我们对这个术语的意义有一致的认识，它对我们来说仍然还是有用的。

设计不同的牙齿

当你开始思考咀嚼的过程，你可能会觉得它与我们的直觉相违。食物在上下牙的挤压下被咬碎，但咬碎食物需要制造并扩大裂痕，这要求分离食物，而不是将它们压在一起。换句话说，我们需要弄清牙齿如何通过上下挤压产生张力。怎样才能做到这一点？下面几个例子能帮助我们理解这个问题。核桃夹子之所以能夹碎核桃，是因为夹子挤压核桃的中部，会导致其外壳弯曲，并在末端产生张力。你可以试着夹个核桃，看它会从哪里裂开。我们还可以用往木板里敲楔子的方法把木材分割开，在楔子钻入木板的那一点上，张力恰好能让裂缝扩散开。这些例子让我们明白食物如何被碎裂，我们可以利用这些知识，为具有特定断裂属性的食物设计一个理想的牙齿。

我们先来看看一些坚硬但易碎的食物，比如坚果或胡萝卜之类脆生生的东西。要使它们产生裂缝确实不太容易，不过缝隙一旦出现，碎裂就只是时间问题。力量越集中，效果就越明显。尖的钉子要比钝的钉子好用，不用费太大劲就能将它敲进木材里。因此，半球形或穹丘状的牙齿便是理想的牙齿模型，许多牙齿齿尖的形状就是如此。这种形状使得牙齿与坚硬食物的接触点最少，不仅能集中下颌力量，同时也加固了牙齿，使得在用力时不至于损坏牙齿。至于咬合中与之相对的牙齿，其表面则越平坦越好，如果有凹面则更好，如此一来，就能固定住食物使其保持不动。这种构造就像臼杵：上下牙齿的齿尖相对错列，当中有一个凹槽，有利于咬碎食物。

现在，我们再来看看一些比较有嚼劲和韧性的食物，比如一分熟的牛排或太妃糖。对于这类食物，牙齿面临的挑战不在于咬碎它们，而在于如何扩大裂隙。锋利的楔形切嵴能很好地让这些东西产生裂隙。这种切嵴应该较薄，使得我们在切割时用到的力量最小。我们不用担心它会折断，因为在压力的作用下，有韧性的食物一般会将力传导到表面，从而减少切嵴损坏的风险。理想情况下，接触食物的应该是切嵴，但上下牙齿的切嵴彼此之间应该稍有偏移，就像剪刀一样，在下剪时切嵴错开，而非相互碰撞造成折损。自然属性使得在相邻切嵴的连接点上形成尖角，它们连接起来，就形成锐利的锋脊。

因此，用于破开坚硬食物的理想牙齿应当具有较大的球形尖点，而用于剪断或切开高韧性食物的牙齿应当具有长而薄的楔形切嵴。两者结合起来，就类似于辛普森的“磨楔式齿”。这种牙齿将各种元素结合在一起，能咬碎不同特性的食物，是一款上佳的多功能工具。从这个角度重新检视灵长类动物的牙齿，切嵴和牙尖并没有咀嚼的作用，更多是用来咬碎食物。食叶的灵长类动物的切齿长而锋利，能像楔子一样切断坚韧的叶片这类不易被碎裂的食物。相比之下，对于食用坚果的灵长类动物，它们圆形的牙齿和增厚的釉质非常适合集中和传导力量使食物产生裂缝，并且同时还不会崩坏牙齿。

牙齿的确是咬碎食物的工具，但这并不意味着它们在咀嚼中没有任何作用。二者并非不能兼容。剪刀式的切齿可用于切割，但这属于定向运动，对于食叶的灵长类动物，它们的牙冠上下相对，一咬合便连锁在一起，因为没有充足的移动空间，所以无法产生研磨的效果。毫无疑问，上下相对的牙齿咬合在一起会间接地影响咀嚼。然而同样清楚的是，牙齿和食物间的相互作用体现在更细微的层面上：牙齿可以是能切开韧性食物的楔子，也可以是能破开硬脆食物的球状物。就像是面包刀或木锯，刀片本身可以来回运动，但起到切割作用的主要还是锯齿。锉刀或奶酪刨丝器也同样如此，它们大而平坦的表面决定了移动的方向，但切割还是由刀脊或刨孔来完成的。早在两个多世纪前，法国著名的自然主义者乔治·居维叶（Georges Cuvier）就曾指出，牙齿的形态能同时反映出运动与切割两个层面的问题。他在书里写道："牛、羊及其同类动物的牙齿相对于食肉动物更为平坦，这种平坦的表面使得牙齿能够在水平面上运动，而且它们的牙釉质和牙本质使得牙齿表面粗糙化，有利于研磨坚韧的植被。"

自然——雕刻大师

在牙齿"形态与功能"的关系中，我们还没有考虑第三个维度——时间。我们假定，无论牙齿是咀嚼动作的工具，还是压碎食物的工具，又或是两者兼而有之，在物种进化中，在可用范围内，自然选择会使物种拥有最好的工具来食用一切可以获得的食物。但在这个过程中，牙齿的形状也会随着时间的推移而改变。牙齿磨损就像是一个扳手，形态的变化一定对“形态与功能”的关系有所影响。正是由于这个特殊的原因，里奇·凯的研究被限制在了没有磨损过的切齿上。

一个物种的牙齿一开始可能比另一个物种的更尖，但随着整个生命的历程，当牙齿经受磨损而日趋平坦时，情况又将如何呢？如果特定类型的食物有一种“理想”的牙齿形态，而现实中的牙齿形态却随着时间而变化，大自然该如何处理这个问题呢？牙齿使用的同时也就是它损耗的开始，物竞天择的规律也不会因此停止。我们一生中时时刻刻都要用到牙齿，大自然必须在设计的过程中考虑到这一点。我们可以将研究限制在未经磨损的牙齿上，但化石记录中却鲜有这样的遗存。此外，若不考虑磨损对牙齿“形态与功能”的影响，我们就只能达到入门的标准而错过故事中最美妙的部分。

我认为对于大自然而言，牙齿磨损就像雕塑家手中的凿子，能用于改善并强化牙齿，使其尽可能保持良好的工作状态。牙齿的磨损方式是既定的，规则就写在我们的基因里，我们的牙齿在特定的磨损方式下适应着特定的磨蚀环境和饮食。事实上，有些物种甚至需要特意磨损它们的牙齿，使其能正常工作。许多啮齿动物在子宫里的时候就开始磨牙了，因为它们的牙齿需要磨损，这样才能保证出生后可以马上使用。唯有依靠磨损，它们才能让自己的牙齿保持锋利，维持锯齿状表面，以便于食用那些难以啃噬的柔韧植物。

自然是一位富有灵感的工程师，它的手法极具智慧，能够在强化牙齿的同时引导磨损方式。我们的牙冠有两个坚固耐磨的硬化层：牙釉质和牙本质。牙釉质比较坚硬，组成成分中约有97%矿物质；而牙本质韧性更好，组成成分中有70%矿物质和20%胶原纤维（胶原纤维也存在于肌腱、韧带和皮肤中）。得益于牙釉质与牙本质的协同合作，牙齿才拥有咀嚼食物的强度和韧性，且不会在咀嚼过程中破碎。动物的牙齿在一生中要完成多达数百万次这样的咀嚼动作，这是一项精湛完美的设计，在五亿年的时间长河中才逐渐形成。

这种层状布局不仅使牙齿更坚硬，也控制了牙齿的磨损。让我们想象一下一张有四个床柱的床，每个床柱各占一个角落。现在我们把一个超大尺寸的厚床帐挂在四角的床柱上，任床帐的顶罩中央自然下沉。牙齿的形状便像这个样子：床和床柱是牙本质，床帐顶罩是牙釉质。在牙齿的磨损过程中，因为牙釉质比牙本质更坚硬，因此会使牙本质暴露，并形成一个凹陷。在凹陷的边缘处会形成一个锋利的刃脊，从而出现一个优良的切割面。通过改变凹陷顶底的相对高度以及覆盖其上的牙釉质的厚度，大自然可以预先决定牙齿的磨损情况，以及在磨损过程中采取的形式。了解牙齿形状如何随磨损变化是理解“形态与功能”关系的重要一步。但记录磨损的过程并不容易，仅仅测量齿冠的长度不足以支撑这项研究。

20 世纪 90 年代中期时，我在阿肯色大学任职，并开始着手研究这个课题。当时我需要一份工作，而阿肯色大学也正在为日渐扩大的项目招聘一个新的体质人类学家。应聘者需要提交一份报告，陈述自己将如何使用大学刚建立的高级空间技术中心（Center for Advanced Spatial Technologies，CAST）。该中心的研究重点是 GIS，因此我必须去查阅相关资料。GIS 是“地理信息系统”的缩写，在当时，这是一个极为热门的新方法，用于获取、分析和处理空间中按位置排列的信息。如果想要了解城市扩张中道路规划的最佳方法、应急管理基础设施和商业区布局，我们可以建立一个 GIS 信息库；同理，如果想要在已知排水系统、土壤类型和地形特征的情况下了解一个农场的最佳耕种地点，我们还是可以建立一个 GIS 信息库。

随着我对 GIS 的了解逐渐增多，我越来越觉得它可以用来研究牙齿，这可是一个前人从未使用过的研究方法。在应聘阿肯色大学的这份工作时，我还是杜克大学的助理研究员，在里奇·凯的实验室里工作，研究灵长类动物的切齿化石。牙齿形状深深印在我的脑海里，我开始把牙齿看作自然景观：齿尖就像山峰，齿沟就像山谷。开发 GIS 的工具不能用于研究牙齿吗？测量牙齿表面的倾斜度、斜率变化，以及齿沟的分布模式，可以帮助我们更好地理解牙齿的工作原理。我把这个方法命名为——牙齿形态分析。

在那些日子里，大多数关于牙齿的研究都是比较固定的点，以及牙齿表面显著标志之间的距离。研究人员之所以选择固定点并测量它们的数值，是因为他们认为这个方法有助于了解牙齿的工作机制。里奇·凯的切齿系数就是一个例子。但是，这种测量方法有很大的局限性，除了表面上几对点之间的距离外，还有许多其他因素共同影响牙齿形态。我们是否因为这种局限性的测量方法，而丢失了一些重要的细节？

还有一个更大的问题，即牙齿表面的突出标志并非真正意义上的固定点。当磨损改变齿尖的位置或令其消失时，我们又该如何测量它们之间的距离？即使齿尖的位置不会发生改变，但不同物种间可能也没有完全相同的牙齿可供测量。例如，猿的下臼齿上有 5 个齿尖，但与它们一起生活的猴子却只有 4 个。通过收集所有物种的牙齿的表面信息，GIS 模型便可以解决这个问题。我们不必提前决定测量牙齿的哪些部位，也无须担心是否观察到整体，而是可以让牙齿自己告诉我们，随着饮食的改变，它的哪些部分发生了何种方式的变化。此外，我们还可以用这种方法比对磨损过的和未经磨损的牙齿，以及那些具有不同特征的牙齿。我一股脑想到许多我需要解决的问题，这让我振奋不已。

就这样，我拿着一个小小的 3D 数位板，开始了我的研究。我将一颗牙齿放在数位板黏土般平滑的屏幕上，然后用触屏笔的笔尖点击牙齿表面，接着再沿牙齿表面移动触屏笔，一边移动一边点击。只要足够耐心，眼神敏锐，且手指有节奏地点击，就能绘写出数以千计的标记点。虽然这个过程很缓慢，而且屏幕的分辨率也不高，但这样做的优点在于花费不多，标记点可被导入 GIS 模型（图 1.4）。

图 1.4　牙齿形态学

(a) 古人类化石臼齿的 GIS 模型（牙齿样本分别来自阿法南方古猿、傍人、直立人）；

(b) 以上几种古人类臼齿的照片；(c) 叶猴的臼齿（上）、食果猕猴的臼齿（中）和食硬物的白眉猴的臼齿（下）。

接着我需要招聘一位对 GIS 有一定了解的研究生，让他协助我走出迷宫。那时，地理信息系统的研究正在起步，但容易上手的软件和功能强大的个人计算机尚未面世，要几年以后才姗姗来迟。我们不得不使用一款烦琐的软件，这款软件基于命令行运转，最初由美国陆军工兵部队编写而成，用于土地管理和环境规划。操作该软件的人必须是计算机领域的专家，否则他无法让软件运行起来。对普通人而言，运行该软件的计算机服务器和 UNIX 操作系统过于晦涩复杂，足以让没有经验的人望而却步。高级空间技术也同样如此。地质大楼的第一层和地下室的几个房间属于 CAST，CAST 的主实验室看起来就像是老派科幻电影里的任务控制中心，里面满是电脑机箱、闪烁的指示灯和笨重的显示器，这些东西一直从地板堆到天花板。

CAST 的主任给我介绍了一位年轻有为的 GIS 专家马尔科姆·威廉姆森（Malcolm Williamson），我们自此开始了合作。不出所料，要把一项技术应用于研发目的以外的领域，失败与挫折乃是家常便饭。

而且为不同目的设计的硬件和软件也难以相互配合发挥作用。用今天的眼光来看，牙齿形态分析的程序似乎很简单，然而开发它的过程并不像看上去那样容易。每当我们解决了一个问题，下一个看似棘手的问题又会接踵而至。数位板的分辨率不足以记录下精细的细节，于是我们就用每平方英寸包含 100 万个像素点的激光扫描仪来做标记。但扫描仪的光束正好穿透牙齿的表面，结果不只是牙釉质和用环氧树脂浇铸而成的牙齿，甚至染色的牙齿也变成透明的了。因此要花几周的时间来做实验，以便找到为标本上涂层的最佳方法：太薄太厚、太暗太亮、黏度不好或黏度太好都统统不行。此外还需要花几个月的时间来解决其他的设计缺陷，并找出最佳的测量方法。

尽管过程艰难，但最后，我终于得以集中精力解决这道牙齿磨损的谜题。我需要成百上千颗牙齿，它们的磨损程度要分为三类：未经磨损、轻微磨损和严重磨损。满足这些要求的牙齿只有在大型的自然历史博物馆里才能找到。但是我的激光扫描仪既笨重又易碎，没法拖着它来来去去，而且我也不可能从博物馆里借来数百个灵长类动物的头骨。因此我只能做一些复制品，这就需要旁人的帮助。于是，我找到了模具制造业内的个中翘楚，后来在约翰·霍普金斯大学任职的马克·蒂福德（Mark Teaford）。多年以来，我和蒂福德去过十几个博物馆，用各馆收藏的灵长类动物标本做研究。

这一次我们去了克利夫兰。克利夫兰自然历史博物馆收藏的黑猩猩和大猩猩的头骨品质绝佳，这些头骨绝大多数是 20 世纪初，由在喀麦隆南部和东部工作的医疗传教士收集而来的。我们一次性在桌子上放了六个颌骨，并在它们的牙齿上涂上厚厚的硅胶印模材料。牙医也用这种材料给牙冠制作模具，它能保留牙齿原始表面的细节，其细致程度令人惊异。如果黑胶唱片凹槽的细微起伏中能记录交响乐，那么为什么印模材料就不能精细复制牙齿的表面特征呢？这种材料一开始时像树汁一样黏稠，但它会慢慢变硬，而它一旦变硬，就会立刻从表面剥离。这整个过程只需要几分钟时间，等回到自己的实验室，我们就可以把环氧树脂倒入已经制好的模具中，做出高分辨率的牙齿复制品。复制品的表面特征与原样本高度一致,即使放大几百倍也不会失真。

在研究过程中，我还得到弗朗西斯・姆奇莱拉（Francis M'Kirera）的帮助。在他的帮助下，我们扫描了几十只黑猩猩和大猩猩的牙齿复制品。我们预测叶食性大猩猩的牙齿应该比果食性黑猩猩的更尖，表面有更多的锯齿。事实证明这个推论是准确的。我们还预计磨损严重的牙齿比轻微磨损或未经磨损的牙齿更平坦，这一预测也得到验证。但当问题转向不同物种的牙齿磨损的差异时，事情开始变得有趣起来。

比较黑猩猩和大猩猩，它们磨损的牙齿数量不同，未经磨损的牙齿数量也有差异。换句话说，牙齿的磨损顺序展现出两种动物的差异。这是个激动人心的发现，意味着只要我们比较磨损程度相同的牙齿样本，就可以找出物种之间磨损或未磨损的牙齿，并查明它们的食性。更令人兴奋的是，我们发现，无论牙齿是否磨损，其表面的凹凸几乎没有差别。只有最平坦、磨损最多的牙齿没有锐利的边缘。凹凸的表面似乎是牙齿的固有属性，不会随磨损发生改变。你可能认为牙齿会随着磨损而变得平滑，从而失去凹凸不平的表面。事实上，一旦牙齿磨损至牙本质，那么牙釉质尖锐的边缘就会弥补磨损造成的改变。难道这就是大自然让牙齿抵消磨损带来的损坏，以保证其功能的方式?

对于大自然如何利用磨损塑造牙齿形态，克利夫兰博物馆里的猿类头骨样本向我们提供了重要的线索。但这些样本提供的信息有限，每个样本仅表现出某一个体生命终结时瞬间的形态。为了研究某一物种牙齿的磨损顺序，我们可以按照磨损程度从低到高的顺序将一系列标本排列在一起。但是如果这样做，我们就必须假定不同生物个体的牙齿磨损方式是相同的。而且在另一方面，每个化石实质上都是该个体生命中的一个瞬间，我们对化石的研究最多只能把这一瞬间了解到极致。不过上述的结论并非完美无瑕，因为我们尚未证明不同生物都以同样的方式磨损牙齿。如果不能证明这一点，就意味着我们无法真正论证牙齿的物种特异性随磨损而产生的形状变化。因此，我再次找到马克·蒂福德和他在杜克大学的同僚肯·格兰德（Ken Glander）。

在 20 世纪 80 年代，蒂福德大部分时间里都在凯斯西储大学[①]研究牙齿磨损。他研发出了一套新方法，为学校实验室制作活猴子的高分辨率的牙齿复制品。给病人制作牙齿复制品很简单：牙医先清洁他们的牙齿，然后烘干，接着用涂有硅胶印模材料的塑料牙垫盖住牙齿。等几分钟，印模材料和牙齿完全接触后再取掉牙垫。但是猴子不会乖乖听话，在这个过程中，它不可能一直张大嘴巴，并保持这个状态不动。所以研究人员必须设法让猴子保持镇静，但麻醉又会导致猴子的咀嚼肌紧缩和流涎。蒂福德最终解决了这些细节问题，1989 年，他做好准备将这种方法用于更高的层次：研究野生灵长类动物的牙齿磨损。

至于格兰德，他从 1970 年开始，就在哥斯达黎加的拉帕西菲卡庄园研究野生吼猴。拉帕西菲卡是个面积 2000 公顷的农牧场，位于哥斯达黎加的卡纳斯镇，距离泛美公路只有几公里。格兰德对吼猴的饮食习惯很感兴趣。相比于美洲其他灵长类动物的饮食结构，这种猴子更多地食用叶子。当时，灵长类动物学家认为，吃树叶的猴子有无限的食物供应，所以吼猴只需张开嘴巴，绕着树冠大嚼特嚼就可以了。但是，格兰德不相信事实如此简单。还记得捕食者与被捕食者之间的“进化军备竞赛”吗？植物具有化学和机械的防御，以保护其叶子免受捕食者的伤害。吼猴如何解决这些问题？在接下来的几十年里，格兰德在拉帕西菲卡庄园里长时间观察研究。迄今为止，没有人比他更了解

①世界著名高等学府，简称 CWRU，位于俄亥俄州的克利夫兰，是一所以独立研究闻名的世界顶级私立大学，美国一级国家级大学。

吼猴的进食方式和食用的树叶种类。

为了记录野生灵长类动物的饮食对牙齿磨损的影响，蒂福德和格兰德很快就开始了合作。他们是一对完美的搭档，拉帕西菲卡庄园也是一个完美的研究场所。庄园属于制药巨头汽巴 - 嘉基公司，他们在 20 世纪 50 年代买下这片土地，本意是种植药用植物。但被公司派来管理庄园的农业工程师沃纳·哈格诺尔（Werner Hagnauer）很快意识到，这里的旱季过于漫长，干旱程度也过于严峻。于是哈格诺尔因地制宜，将其建设成牧场，养护干燥的森林作为防风带，防止其水土流失。吼猴就生活在那片防风林里。除此之外，它们也生活在另一条狭窄但茂密的林地。奥寇尔巴斯河在那里蜿蜒而过，河水奔腾着穿过拉帕西菲卡庄园，舞出洁白的浪花。在这样的自然条件下，蒂福德和格兰德不仅可以研究牙齿磨损，还可以比较生活在不同栖息地里的动物。

拉帕西菲卡庄园是整整一代学生和博士后的培训场所，我也是其中的受益者。格兰德向猴子投射麻醉镖，它们一从树上掉下来，就会被我们网住，然后带回营地，由蒂福德给猴子做牙齿印模。等麻醉效果退去后，我们会把它们放回野外。吼猴并不是最聪明的猴子，大多数吼猴不会把这件事放在心上，也从不会试着规避风险，避免被再次捕获。我们分别把这些猴子取名为胡里奥、辛迪、何塞、菲奥娜、酋长、沙亚、钦卡和 ET。在十年之中，为了收集这些老朋友的牙齿印模，格兰德、蒂福德及他们的团队每年都会在雨季和旱季回到庄园。这些印模是我研究牙齿形状与磨损变化的完美样品。

在我的安排下，另一位研究生约翰·丹尼斯（John Dennis）也参与到这个项目中。我们的研究结果证实了之前从黑猩猩和大猩猩身上推论的假设。虽然牙齿表面的斜度和高低点的落差会随着年龄的增长而下降，但是牙齿的尖锐形状却长年保持不变。不管我们观察多少只猴子，这个模式始终不曾改变。无论是生活在河边密林里的猴子，还是生活在干燥开阔的牧场防风林里的猴子，观测结果都是一样的。事实很明确，吼猴的牙齿注定要以特定的方式受到磨损。自然不仅选择齿形，还可以选择通过磨损顺序引导内部的结构形状变化。不同的个体，无论是现存的生物还是化石，都可以用来证明这个模式的可靠性。

随想：给我看看你的牙齿

据说，乔治·居维叶曾经有言："给我看看你的牙齿，我便能知道你的身份"。如果牙齿的确可以反映个体的饮食，那么正如与居维叶同时代的让·安泰尔姆·布里亚-萨瓦兰（Jean Anthelme Brillat-Savarin）所言，"人如其食"也并非没有道理。但生物学是错综复杂的，这也引发了一系列重要的问题。对于牙齿和饮食之间的密切关系，我们是否过于言之凿凿呢？只要稍加考量，就不难发觉人类的饮食相当复杂灵活，口味也因而变化多端。我们会在第 8 章讲到生活在卡拉哈里的吉瓦萨人和生活在高纬度北极圈内的因纽特人。前者依靠狩猎采集为生，饮食非常传统，主要食物是瓜类和植物的根茎；而后者却靠清一色的海洋哺乳动物和鱼类为生。这样的饮食多样性是人类独有的吗？其他动物是否拥有自主选择的意愿，还是说它们的饮食受制于口中的牙齿？

对古生物学家而言，这些问题意义非常，将带领我们进入一片全新的领域。在生物学中，形态与功能的关系非常复杂。我们不仅要了解牙齿如何工作，也应当了解动物如何使用它们，有时候，两者并不尽然相同。如果我们要用化石探索进化史，那么了解这一点便至关重要。牙齿确实可以告诉我们，生物的食性在过去发生了怎样的进化。但是，它真的能告诉我们过去的动物每天都吃些什么吗？有时候可以，有时候不行。想要确切地了解这一点，我们就需要更深入地了解生活在自然栖息地里的动物都吃些什么，以及它们为什么如此。

第 2 章　牙齿的启示

Evolution's Bite：

A Story of TEETH , DIET , *and* HUMAN ORIGINS

“奇怪，这些猴子的习性不应该这样啊。”我对黛安说。

黛安是我的妻子。此时，我们在印度尼西亚一个叫克坦贝的村子里，借着煤油灯的光誊写野外记录。我们的研究站设在勒塞尔火山国家公园里。抵达热带雨林一个星期后，我便完成了对“安塔拉”的追踪记录。“安塔拉”是一群长尾猕猴，生活在阿拉斯河左岸的一小片热带雨林中。我一页一页翻看它们的饮食观察记录，发现除了叶子之外，它们不吃别的东西。但是它们的牙齿却显示出果食者的特征：门牙很大，易于剥去果皮；臼齿上的牙尖短而浑圆，便于研磨果肉。不仅如此，在这种猴子所属的生物学亚科分类上，它们的俗名甚至就叫“食果猴”。这些长尾猕猴显然没读过牙齿“形态与功能”的相关文献。

那天晚上我意识到，在实验室里研究牙齿是一回事，在灵长类动物的天然栖息地全程观察它们如何使用牙齿又是另外一回事。二者都至关重要。在这一章，我们将拜访在野外做研究的灵长类动物学家，跟随他们的观察，去看看动物们如何在森林中谋生。在克坦贝村生活的第一个星期，我发现了一个关键信息：除牙齿的形态外，还有其他因素会影响动物对食物的选择。牙齿确实十分重要，正是因为动物拥有适用的牙齿，它们才能够选择食用还是摒弃某种食物。但是，为了获取满足身体需求的均衡的营养，为了与竞争对手相抗衡，为了进食时能够避开食肉动物的袭击，灵长类动物还需要全方位考虑各种因素。此外，食物供应也是一个必须考虑的问题。在丛林中，可供食用的东西就像街角熟食店里的每日特色菜品，会时不时地消失又出现。

我们在第 1 章了解到，臼齿短钝的灵长类动物以水果为主食，其他牙齿长利的动物则更多地食用树叶。这种差别是否意味着动物必须依据牙齿形状来选择食物？是否食物与牙齿紧密关系，使得我们可以借助牙齿重构出化石动物的饮食？野生动物的研究为上述问题的解决提供了条件。

不同种类，不同饮食

在到克坦贝村之前，我花了大半年时间在美国和欧洲的自然历史博物馆里铸造猴子和猿类的牙齿模型，并测量相关数据，其中许多灵长类动物的标本是在 20 世纪早期，从苏门答腊北部的科学考察中收集而来的。以费城自然科学院为例，里面的展示柜上摆满了乔治·范德比尔特（George Vanderbilt）于 1939 年收集得来的标本。我的想法是，在我们已经了解牙齿工作原理的基础上，先通过研究这些牙齿标本做出一些关于牙齿使用的假设。然后，再通过观察同类野生个体的饮食来验证我的假设。同当时大多数的灵长类动物学家一样，我认为灵长类动物寻找并食用的食物是适合它们牙齿的食物，它们的牙齿已经进化并适应这些食物。从灵长类动物学的早期开始，圣路易斯华盛顿大学的鲍勃·萨斯曼（Bob Sussman）就一直是该理论的倡导者，这种观点部分由他在马达加斯加和毛里求斯的研究发展而来。

魔幻的海岛

在20世纪60年代末期，萨斯曼还是杜克大学的一名研究生，正在寻找可以加入的项目。当时的杜克大学坐落于北卡罗来纳州的达勒姆市，正处于一个蓬勃发展的时期，约翰·布特纳-贾努什（John Buettner-Janusch）刚刚把他捕获的大约90只灵长类动物（以狐猴为主），从耶鲁大学转移到杜克森林里的大型研究保护区。当时，对于大多数种类的狐猴，学术界对它们的基本习性所知无几，也不知道它们如何在自然栖息地里生活。布特纳-贾努什鼓励萨斯曼去马达加斯加，协助他进一步做更细致的研究。于是在1969年，萨斯曼第一次到达马达加斯加。

马达加斯加位于赤道以南的印度洋，距离莫桑比克的东海岸约250英里[①]。它长1600英里、宽480英里，是世界上最大的海岛之一，拥有从沙漠到草原，再到热带雨林的多样的生物栖息地。对于在那里工作的生态学家而言，马达加斯加是一个处处带有魔幻色彩的地方。自从恐龙时代以来，这个岛屿便远离大陆，孤悬在海洋之中。迄今为止，人们已经发现了数千种只存在于马达加斯加及周边小岛屿的动植物，狐猴便是其中之一。

马达加斯加之于狐猴，正如加拉帕戈斯群岛[②]之于燕雀。在马达加斯加与非洲大陆分离1亿多年后，灵长类动物终于在这里定居。就我们所知，马达加斯加与各个大陆的不同之处在于，其上没有大型陆生食肉动物或食草动物，也没有猴子或猿类，所以狐猴的祖先在这里没有任何竞争对手。这是一场完美的自然实验，主题是灵长类动物的进化。

① 1英里约等于1.6公里。

②也称科隆群岛，隶属厄瓜多尔。岛上有29种鸟类，其中22种是特有物种，另外还有4个特有亚种。达尔文乘坐的"小猎犬"曾中途停靠在这里。岛上雀鸟的物种分化深深启发了达尔文。

而狐猴也没有让人失望，如今，岛上已经有一百多种狐猴，任何一个地方都分布有十多种狐猴。

这种情况是早期灵长类动物学家面对的一个难题：种类在两个或两个以上的动物如何在竞争同一资源的状况下共存？进化论认为，最适应环境的生物会在物种竞争中胜出，迫使不适应环境的生物要么转向替代的资源，要么灭绝。各类亲缘相近的灵长类动物如何在同一时间和同一地点生活？萨斯曼想要找到答案，而马达加斯加正是寻求答案的绝佳地点。

第一批到马达加斯加观察狐猴生态学特征的人中，有一位名为艾莉森·乔利（Alison Jolly）的研究员。她开始做这项研究时，布特纳-贾努什捕获到的灵长类动物还生活在耶鲁大学。1963 年，乔利开始在马达加斯加工作，工作地点是位于岛屿最南端的博兰提私人动物保护区（Berenty Private Reserve）。当萨斯曼开始在岛上研究狐猴时，她已经发表了一部颇具影响力的著作《狐猴行为：马达加斯加田野调查》（*Lemur Behavior: A Madagascar Field Study*）。她书中描绘的一群环尾狐猴接纳了一只落单的褐狐猴——褐狐猴并不是博兰提私人动物保护区里特有的动物，有人在大约 50 英里之外的地方抓到了这只褐狐猴，然后把它带到这里。挣脱囚笼后，这只褐狐猴加入了环尾狐猴的群体，与“表亲”们同吃同住。这是否意味着，即使两个物种的活动范围有所重叠，它们仍可以共享相同的资源？当时尚无野生褐狐猴饮食的详细记录，更不用说与环尾狐猴的竞争共存会给褐狐猴的饮食带来何种影响的记录。萨斯曼抓住机会，一面研究尚在发展之中的狐猴生态学，一面研究两种体型相似、亲缘相近的灵长类动物物种如何和平生活，一起共享森林资源。

鲍勃·萨斯曼和妻子琳达来到马达加斯加的西南部，在一个地图尚未标注的低地森林里建立了自己的研究营。他们发现了两片有狐猴生存的森林斑块[①]——汤戈贝托和安塞若那南比，前者只有褐狐猴而没有环尾狐猴，后者褐狐猴和环尾狐猴生活在一起。真可谓天时地利人和，萨斯曼决定分别研究两个地方的褐狐猴，比较它们的饮食结构，以确定与环尾狐猴的竞争是否会对其造成影响。他也观察博兰提私人动物保护区内的环尾狐猴。保护区内原本没有褐狐猴，因而在那里，环尾狐猴的饮食不会因竞争而受到影响。他想观察生活在保护区内的环尾狐猴与生活在安塞若那南比的环尾狐猴有何不同。这三片森林非常相似，特别是汤戈贝托和安塞若那南比，它们之间只隔着数英里的耕地和退化的野生植被。博兰提动物保护区里有几种大型树木是西边两片森林里没有的，但是在这三个地方，植被冠层[②]基本上都由酸豆树占据。如今，这些树结出的荚果广泛用于世界各地的风味美食，你可能会从伍斯特沙司[③]中尝到酸豆的独特风味。除了果实，狐猴还会随着季节的变换，轮番吃酸豆树的叶子、花朵和树皮。萨斯曼计划旱季待在安塞若那南比，雨季再去汤戈贝托和博兰提。如此一来，他不但可以比较每一种狐猴在不同季节的饮食，还可以比较不同种类的狐猴独居或共同生活时的饮食。

在 1969 年和 1970 年，经过几个月的研究，萨斯曼最终得出结论：两种狐猴的饮食结构确有重叠之处，它们都食用果实、树叶、花朵和树皮。不过两者之间的饮食也存在差异，褐狐猴更喜欢食用树叶，环尾狐猴更喜欢食用果实，相比之下，环尾狐猴选择食用的植物种类也更为多样。环尾狐猴每天的活动范围大概在半英里之内，并且会从树顶跑到地面（图 2.1）。褐狐猴的活动范围比较小，大概在 100 码[④]左右，而且只待在树冠上从不下地。这些差异具有普遍性，在不同地点和不

①斑块是与周围环境在性质上或者外观上不同的空间实体。

②冠层指植物群落的顶层空间。

③伍斯特沙司又称英国黑醋或辣酱油，是一种起源于英国的调味料，味道酸甜微辣，色泽黑褐。

④ 1 码约等于 0.91 米。

图 2.1　环尾狐猴在不同的生态环境中生存、摄食
照片来自罗伯特·萨斯曼（Robert Sussman）。

同季节，无论特定食物是否充足，观察的结果都是一致的。这说明两种狐猴在饮食方面确有区别，也就是说，无论这些狐猴身处何时何地，与谁相伴，它们都会寻找并食用适应其自身的各种食物。这种差异为不同种类的狐猴提供了共存的条件，使它们能够各取所需，和平共享森林里的资源。

不过，生活在不同环境中的灵长类动物会有怎样的习性？它们还会寻找并食用特定类型的食物吗？作为先前狐猴研究的后续，萨斯曼开始在毛里求斯——距离马达加斯加东部约 450 英里，一个田园牧歌式的热带岛屿研究猕猴。萨斯曼原本没打算在那里做研究工作，但是在 1977 年，从巴黎飞往塔那那利佛[①]的航班被取消，所以萨斯曼夫妇和美国自然历史博物馆的人类学家伊恩·塔特索尔（Ian Tattersall）改签了机票。他们飞到毛里求斯，希望能在那里搭上去往塔那那利佛的

①塔那那利佛为马达加斯加首都，是马达加斯加的最大城市，也是行政、通信和经济中心。

飞机。然而，马达加斯加刚刚发生了一场旨在建立新社会主义政府的军事政变，总统拉齐曼达拉瓦被暗杀了。这个国家尚未从阴影中走出来，由于食物和其他日用品的短缺，塔那那利佛爆发了许多游行示威。所以不管从哪儿出发，他们都不可能抵达那里。

还有其他方法可以弥补这次旅行的损失吗？毛里求斯没有狐猴或其他土生土长的灵长类动物可供研究，除了一个猴类的入侵物种——长尾猕猴。大约在 450 年前，一些猕猴被欧洲水手从印度尼西亚带到毛里求斯岛上，然后这些猕猴的数量出现爆发性的增长，达到了数万只之巨。这倒是可以作为一个有趣的项目的开始。萨斯曼用一整个夏天的时间考察猕猴的数量，几年后又回到这里，将生活在退化的热带草原栖息地的猴群，与生活在未被破坏的森林里的猴群做对比，分析两者饮食的异同。

与褐狐猴和环尾狐猴一样，对于生活在不同地点的猕猴而言，它们的食物是相似的，无论是食用的植物种类，还是食用的植物不同部分的比例。例证表明，尽管生活环境迥然不同，环境中的食物种类千差万别，但是长尾猕猴的饮食并不会随意改变。事实上，生活在毛里求斯岛上的长尾猕猴与生活在东南亚原始森林里的长尾猕猴一样，它们的食物并没有太大的区别。

结合以前在马达加斯加的研究成果，萨斯曼得出一个结论：**灵长类动物具有“物种特定的饮食适应性”**。它们的食物偏好取决于自身的牙齿和消化系统，这些牙齿和消化系统有利于它们的祖先获得并处理那一类进化选择使其食用的东西。这就是为什么尽管周围可选择的食物相同，但生活在同一环境中的不同种类的灵长类动物拥有不同饮食的原因；这也是为什么尽管可利用的资源不同，但生活在不同环境中的同一物种仍然会寻找相似食物的原因。根据萨斯曼的结论，动物饮食最重要的一点在于，首先要与继承自其先祖的牙齿和肠道相适应。

这是一个进化遗产的问题。

对古生物学家而言，萨斯曼的研究成果是一道福音，有力佐证了以化石牙齿为基石重建动物饮食的可行性。对于那些生活在过去的灵长类动物，我们固然无法推断出它们所有的饮食细节，也无法精确地知道竞争对手如何迫使它们分享森林里的资源。但如果萨斯曼的狐猴和猕猴研究成果值得考虑，那么无论对于何种饮食，牙齿都可以为我们提供良好的指示。里奇·凯致力于研究切齿齿尖的长度和牙齿研磨区域的面积，萨斯曼的结论对他而言同样具有重大的意义。毕竟，在灵长类动物的分类中，相比于果食者的牙齿，叶食者的齿尖更长，研磨区域更小。

吃水果还是吃树叶？

由上可知，证明具有特定牙齿形状的灵长类动物食用特定类型的食物是一回事，证明“形态与功能”关系足够紧密，可用于重建给定化石物种的饮食，又是另一回事。理查德·普雷斯顿（Richard Preston）在《高危地带》（*The Hot Zone*）中写道：

> 生物学中没有简单明了的东西，一切都很复杂，一切都很混乱。每当你自以为了解什么时，剥去一层现象的表皮，你却发现其下还有更深层次的问题。

确切地说，在一般情况下，食叶灵长类动物的切齿长于食果灵长类动物。但是，二者之间的联系是否足够紧密？我们是否可以依据切齿长度确定一个化石物种是吃水果还是吃树叶？

一种可行的方法是，将一个特定种类，仍然存活于世的灵长类动物假定为化石，然后根据牙齿形状推测它们的饮食，比较“重建”出的饮食与实际情况的匹配程度。比如褐狐猴和环尾狐猴，它们就是一对极佳范例。在20世纪70年代末期，里奇·凯、鲍勃·萨斯曼和伊恩·塔特索尔三人就在这两种狐猴身上做了试验。令人惊讶的是，这两种动物的牙齿非常相似。如果我们是在化石记录中发现它们，我们会推断它们的饮食是相同的。我猜测，这可能是因为两种狐猴并不知道彼此“应该”吃相同的东西吧！尽管它们的切齿长度相同，可事实上，褐狐猴更多地以树叶为食，环尾狐猴则更多地以水果为食。

因此，牙齿与饮食的关系并不是看上去的那样简单。实际上在大多数时候，两种狐猴食用相同的食物，如水果、叶子、花朵和树皮，只不过比例不同罢了。他们三人推测，也许在更大程度上，牙齿形状只能证明一个物种可以食用的食物类型，而不能证明一个物种食用某类食物的频率。也就是说，切齿长度至多只能证明动物是否有食用树叶的能力，并不能反映出树叶在其饮食构成中的占比。在当时，凯伊、萨斯曼和塔特索尔并没有清楚地认识到，他们无意中发现了一个意义深远的概念。直到数十年之后，在研究另一种不同种类的灵长类动物时，这个观点才被人从幕后推到台前。

人类中间的大猩猩

如果我们的最终目标是通过牙齿理解人类饮食的进化，那么大猩猩似乎并非是我们的首选研究对象。它们拥有高度特定的锋利臼齿：齿尖较长，牙釉质较薄。而这些特征几乎和古人类的牙齿特征正好相反：古人类的臼齿扁平，还有一层额外增厚的牙釉质。不过话又说回来，在现存的物种中，大猩猩与人类的亲缘关系最近，而且与其他猿类动物相比，人类在研究野生大猩猩上花了更多时间。我们对它们的饮食偏好所知颇多，而且覆盖面也很广，积累的知识已经超越了时间与空间的限制，从春夏到秋冬，从高山到低地森林，不同时段、不同栖息地的大猩猩的饮食尽在我们的掌握之中。如果我们不能弄清楚大猩猩的牙齿“形态与功能”的关系，更遑论借助牙齿重建人类远祖和其他灵长类化石动物的饮食。

奇异的窗户

追随第一批研究大猩猩的田野研究员的脚步，我们前往一条跨越乌干达、刚果民主共和国和卢旺达的火山山脉。这条雄伟的山脉名为维龙加，位于非洲中部，其上有迷雾笼罩的云幕一样的森林，顶部耸立着座座高峰，海拔在 1 万～ 1.5 万英尺[①]。一小群仅被短暂隔离半个多世纪的大猩猩栖息在这条山脉中。

第一个踏足其间的人是乔治·夏勒（George Schaller），那时他还只是威斯康星大学的一名在读研究生。1959 年，夏勒和他的妻子凯伊在卡巴拉岛建立了一个研究基地。基地位于如今属于刚果民主共和国的米凯诺火山和卡里辛比火山之间。这项开拓性的工作激励了包括著名灵长类动物学家戴安·弗西（Dian Fossey）在内的一整代研究人员。早在 1967 年，弗西就打算独自一人到卡巴拉岛工作，但迫于政治动荡和刚果危机引发的骚乱，她不得不把营地搬到了卡里辛比火山的另一边，位于卢旺达的卡雷苏克研究中心。虽然卡雷苏克的条件时好时坏，但研究中心还是在战争和抢掠的夹缝中幸存下来。自其成立以来，除短暂的中断外，研究中心一直在运转。它是一扇奇异的窗户，让我们得以了解山地大猩猩的生活。

如果你对夏勒和弗西的非凡经历感兴趣，可以读一读两人的著作《大猩猩之年》（*Year of the Gorilla*）和《迷雾中的大猩猩》（*Gorillas in the Mist*）。维龙加大猩猩是科学家们第一次真正在野外认识的大猩猩，

① 1 英尺约等于 0.3 米。

也是首个愿与人类分享私密细节的生物群落。当我还是一名在读研究生时，几乎所有已知的大猩猩生态学知识都是从它们那里得来的。夏勒、弗西及后来的灵长类动物学家发现，大猩猩是一种聪明温和的食草动物，并非19世纪博物学家想象的，或早期好莱坞电影刻画的那种粗野凶残的野兽。

维龙加大猩猩不仅生活在山地森林里，也栖身于平均海拔2英里左右的林地。它们会定期攀爬到海拔超过1.2万英尺的地方，那里雾气弥漫、温度下降、风速骤升。生活在这里的山地大猩猩主要以草本植物的茎干、叶子和髓心为食，比如野生芹菜和生长在地面或近地面的植物。这些食物被统称为陆生草本植物，它们不仅种类丰富，而且一年四季都能找到。山地大猩猩也喜欢吃竹笋，幼嫩的竹笋当季时，它们为了采食甚至会跑去海拔较低的地方。

这样的饮食有其特殊的意义。一头典型的成年雄性大猩猩有350磅（1磅= 0.454千克）重，庞大的身体需要摄入大量的食物，而森林里到处都是陆生草本植物。大猩猩的肠道很长，可以容纳无数用以分解难以消化的高纤维植物的微生物。为了从“负隅顽抗”的食物中提取更多的能量，它们的消化时间很长，比黑猩猩要多出大约60%。还有一点非常关键：大猩猩的臼齿大而锋利，齿尖也较长，可以切碎树叶和茎干；它们的下颌强健宽阔，能够经受连续咀嚼带来的冲击，而长时间的咀嚼正是把坚硬食物捣碎的保证。

将大猩猩与其他出色的猿类，如黑猩猩和红毛猩猩做对比，牙齿与饮食的相关性体现得尤为明显。黑猩猩专门采食柔软鲜嫩的果实，红毛猩猩青睐如树皮和坚果等质地坚硬的食物。这两种猩猩都有用于剥果皮的大门牙和用于咬碎果肉的浑圆碗状臼齿。相比于大猩猩和黑猩猩较薄的牙釉质，红毛猩猩的牙上有一层增厚的牙釉质，能起到增强并保护牙齿的作用，使红毛猩猩可以集中力量咬破坚硬的果壳，而不至于崩坏牙齿。在与我们亲缘关系最接近的生物中，自然向我们展示了三个清晰的例证来说明牙齿和饮食之间的关系——当我还是一个在读研究生时，我就是这么想的。

目前，大多数研究人员把大猩猩分为两种：东部大猩猩（*Gorilla beringei*）和西部大猩猩（*Gorilla gorilla*）。山地大猩猩是东部大猩猩的一个亚种。基于乔治·夏勒在维龙加的研究工作，我们对山地大猩猩的了解最为透彻。人们之所以研究山地大猩猩，一方面是因为它们正处于灭绝的边缘，时间十分紧迫，人们希望能在它们消失前记录其生活状态；另一方面是因为它们也很容易被找到，因为美国和欧洲的考察队已经在 20 世纪初来过这里，并且采集了标本。所以循着乔治·夏勒的脚步，戴安·弗西又来到这个地方，之后的故事便众所周知了。现在一提起大猩猩，浮现在大多数人脑海中的是山地大猩猩在雾气中咀嚼野芹的画面。但这已经成为历史，维龙加的山地大猩猩并不能代表所有的大猩猩。恰恰相反，它们是一个处于边缘地位的群体，生活在环境与大多数猿类栖息地截然不同的极端栖息地里。它们也是最珍稀的一群大猩猩，时至今日，存活于世的山地大猩猩只有区区几百只。

难道是观察出了问题？

但是另一方面，在刚果盆地中一块低地热带雨林的西部，绵延 100 英里的土地上生活着将近 20 万只大猩猩。从 20 世纪 60 年代开始，研究人员就设法追寻它们的踪迹。但可惜的是，早期的饮食研究大多建立在偶然观察、沿着新鲜痕迹寻找遗落的食物，或整理分类残留的粪便上。研究西部低地大猩猩比研究山地大猩猩更加困难，因为它们容易受惊，长时间隐匿在位于茂密植物丛中的树上，而且它们的群体也较为分散。相比于栖息在维龙加山脉里的“表亲”，西部低地大猩猩更多地以水果为食。虽然我们一开始就发现了这个明显的特征，但却一直不了解其中的细节。直到20世纪90年代，西部低地大猩猩终于适应了灵长类动物学家的存在，研究人员才得以获得更多的细节。而这些细节在维龙加的研究中被证明是必需的。

梅利莎·雷米斯（Melissa Remis）是首批被大猩猩接受的研究员之一。她曾在中非共和国西南部的赞加纳多基国家公园工作，那是一片楔状的狭长地带，夹在喀麦隆和刚果中间。原始的低地热带雨林覆盖公园的大部分土地，其中有一块俾格米人[①]称为“拜斯”的天然林中空地。20世纪90年代初，当我在克坦贝工作时，雷米斯还是耶鲁大学的一名在读研究生，正致力于研究白河口的大猩猩。虽然白河口的大猩猩仍然十分警惕，但当它们在树上时，偶尔会允许雷米斯在远处观察。尽管雷米斯在两年内只得到数百个小时直接观察大猩猩的机会，但结合对其粪便和遗落食物的研究，也足以展现当时西部低地大猩猩的饮食全貌。

简要来说，无论何时何地，只要能找到饱满多汁的新鲜水果，生活在白河口的西部低地大猩猩就会尽量选择这样的食物。为了找到一棵果树，有时它们会走上半英里甚至更远，并对途中可食用的植物茎干和树叶视而不见。为了吃上水果，它们不惜耗费大量的体力。但这并不是说它们从不食用粗纤维的陆生草本植物，实际上，它们食用的草本植物和山地大猩猩一样多。只不过在条件允许的情况下，他们似乎更喜欢吃甜甜的新鲜水果。要理解白河口大猩猩的饮食，“条件允许”这一前提至关重要。

赞加纳多基国家公园的旱季非常明显。即使在年平均降雨量超过55英寸的情况下，1991年12月到1992年2月的3个月内，公园里的降雨量也不超过1英寸。植物在旱季开花期较晚，等到3月份雨季开始，降雨增多后，叶子才开始发芽。果实生长的高峰在雨季的中期，也就

①俾格米人是非洲中部热带森林地区的民族，身材较为矮小。

是七八月的时候。可以想见，在雨季的大部分时间里，西部低地大猩猩主要以肉质水果为食。至于树叶、茎干、树皮、草本植物等其他食物，虽然西部低地大猩猩一年四季都会食用它们，但只有在旱季，它们才会成为主食。

因此，至少在雨季时，白河口的西部低地大猩猩是果食者。这本来是我们意料之中的事情，因为在 19 世纪，解剖学家理查德·欧文（Richard Owen）曾竭其所能，从旅居和定居热带西非沿海低地的人那里收集信息。据欧文说："那里，山坡和谷地上有各种各样的果树，源源不断地为当地居民供应木材和原产水果。"但是，人们还是难以接受大猩猩以水果为主食的观念。因为数十年间，人们对维龙加大猩猩的研究表明，它们主要以树叶、野芹及其他坚韧的陆生草本植物为食，一些同行专家很难接受雷米斯的研究成果。对于牙齿和消化系统已经进化得可以食用低质量纤维性食物的动物，是否它们有可能更爱吃肉质水果？大猩猩真的是季节性的食果动物吗？还是因为白河口的大猩猩容易受惊，比维龙加的更难追踪，所以我们的观察存在偏颇？

选择：要西兰花还是要巧克力

雷米斯需要证明，比起坚韧的纤维食物，大猩猩更喜欢甜而多汁的水果。这似乎是一个不证自明的道理。如果让 5 岁的孩子在巧克力棒和西兰花之间选择，他们大都会选巧克力棒。难道大猩猩宁愿吃"西兰花"也不要"巧克力"？虽然巧克力不是自然界中的一个选择，但倘若有选择的余地，我们还是自然而然地觉得，在水果、芹菜或白菜之间，大猩猩会选择含糖多肉的水果。1999 年，在旧金山动物园里，雷米斯和 6 只大猩猩生活在一起好几个月的时间。这些被俘获的大猩猩一般每天要吃掉七八斤水果和蔬菜，以及一两斤专门给叶食性灵长类动物的食物（这种食物营养丰富，被制成曲奇一样的小饼干，不过听说味

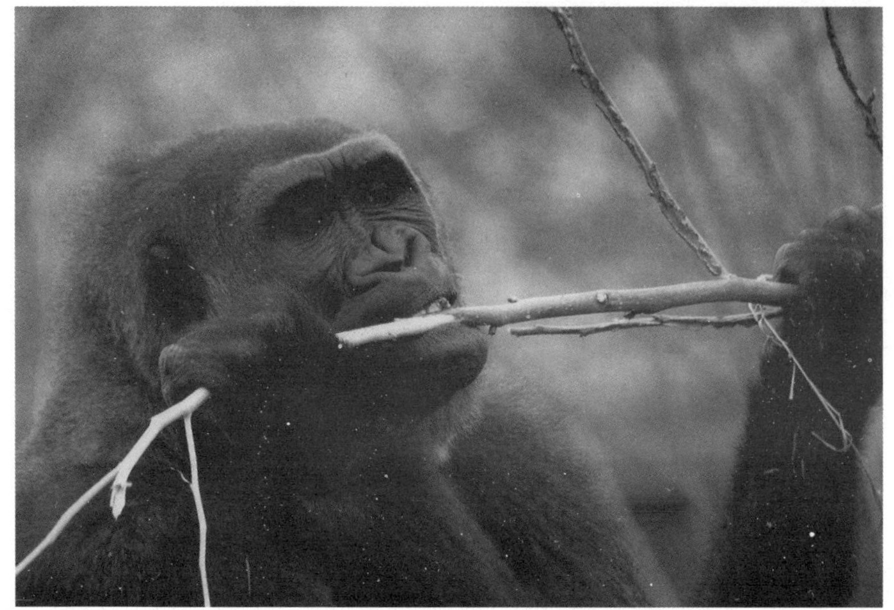

图 2.2　动物园内的大猩猩在进食

道不怎么像曲奇）（图 2.2）。旧金山动物园里有两种喂养大猩猩的方式：笼子里的大猩猩早晚各得一餐，确保每只大猩猩都能得到平均的配给；另外还有一个膳食改善项目：在室外围场里提供一顿午餐小食，让结群的大猩猩自主分配。后一种喂养方式给雷米斯提供了一个机会，让她不仅能观察大猩猩在个体独处时的饮食偏好，还能观察大猩猩在团体之中的饮食偏好。

只要做一个配对喂养实验，把两种食物放在大猩猩面前，看看它先选择哪一个，我们就能知道大猩猩更喜欢吃什么。它们是选择糖分更高的食物，还是蛋白质或脂肪含量更高的食物？它们会避开具有“化学防御”的植物，譬如含毒素或鞣酸嚼起来有苦味的植物，还是会避开具有“物理防御”食物，如坚韧的纤维食物，或有硬壳的植物？雷米斯尽最大的努力来寻找野生大猩猩能够吃到的食物。为了买到新鲜果蔬，她把旧金山的亚洲和西班牙美食市场翻了个底朝天。在市场上买食物难免会有局限，里面根本没有有毒的水果或叶子。不过最后，她还是给大猩猩提供了很多选择：甜甜的芒果、发苦的罗望子、酸酸的柠檬、有嚼劲儿的芹菜，以及许多其他食物。

临近进餐时，雷米斯分别把两种食物放在笼子的两侧，观察大猩猩先挑选哪一个。事实证明，它们对芒果情有独钟。有一次，一只雄性大猩猩见她拿来一蒲式耳[①]芒果，甚至兴奋地向雷米斯发出了求爱的信号！无花果和香蕉对大猩猩的吸引力稍逊一筹，虽然这两种食物没法让它们像见到芒果一样开心，但也足以让它们发出满足的咕噜声。相比之下，金橘、萝卜、柠檬就没那么受欢迎了。中午群体取食时的状况与单独进餐时相差无几。地位较高的大猩猩会快速地将喜爱的食物拿走，它们就像孩子一样，赶在兄弟姐妹伸手前，一把从袋子里抓出薯片，能拿多少就拿多少。芒果、哈密瓜和玉米迅速被抢光，只留下西兰花、卷心菜、甘蓝和芹菜。结果显而易见，和大多数的人类一样，大猩猩也喜欢高糖低纤维的食物。

但是，有关雷米斯研究的西部低地大猩猩和维龙加山地大猩猩之间的差异，还有另外一种可能的解释。旧金山动物园里的大猩猩和白河口的大猩猩一样，全都是西部低地大猩猩（事实上，几乎所有人工养殖的大猩猩都是这个品种。）我们是否可以根据上述实验来判断山地大猩猩与西部低地大猩猩——二者是完全不同的物种，但有相同的饮食偏好？如果可以选择，维龙加的那些“芹菜爱好者”是否也会偏爱吃水果？还是西部低地大猩猩只是比山地大猩猩有更为嗜甜的牙齿？如果用一句话回答，答案便是西部低地大猩猩更嗜甜的假设并不成立。

在乌干达，布恩迪难以穿越的国家公园里也有山地大猩猩，从遗传学的意义上来说，它们和生活在维龙加的大猩猩并无差别。越过边界分明的耕地线，距离维龙加南部 20 英里远的地方就是布恩迪，与维龙加大猩猩相比，这里的大猩猩生活在 5000 ～ 7500 英尺的海拔较低

①在美国，1 蒲式耳约等于 27 公斤。

的地方。无论是水果的种类还是产量，布恩迪国家公园里都要比维龙加更为多样和丰富，不出所料，这里的山地大猩猩吃的水果也更多。在民主刚果东部的低中海拔地区，以及乌干达与卢旺达的国界线上，东部低地大猩猩也同样如此。东部低地大猩猩与山地大猩猩属于同一物种的不同亚种，它们全年食用的水果数量与栖息地的水果产量成正比。事实上，无论是东部低地大猩猩还是西部低地大猩猩，它们食用水果的数量都与海拔及水果产量密切相关。

但这又引申出另一个问题：既然大猩猩更喜欢吃水果，那么它们为什么还要生活在维龙加呢？维龙加又湿又冷，除了野芹菜外，一年四季几乎没有别的东西可吃。答案是它们别无选择。维龙加山脉公园和布恩迪国家公园一样，都是被日渐扩张的人类定居点包围起来的自然“孤岛”。这一区域土地肥沃，逐渐成为非洲大陆上人口最密集的村落之一。虽然一年之中，西部低地大猩猩大部分时间里都可以摘到水果，但由于人类的狩猎，以及耕种和砍柴带来的开垦活动，它们被迫迁移到维龙加的高海拔地区。而在那里，除了陆生草本植物，它们别无选择。它们这样做并不是出于自身的意愿，而是为了生存不得已为之。另外，大猩猩的生理结构也能够适应那样的生活环境，我们可以称这些大猩猩为永久的退而求其次的“食客”。

总而言之，在条件允许时，大猩猩会选择又甜又软的水果，但如果条件不允许，它们的牙齿和消化系统也能适应较为坚韧的高纤维植物。大猩猩的牙齿和消化系统使其可以食用自身不太喜欢的食物。牙齿决定它们有能力食用何物，而它们最终能吃到什么，则取决于环境。大猩猩的例子告诉我们，“环境中存在的食物”和“实际吃到的食物”并不总是一致的。如果我们的最终目标是了解饮食的进化，那就需要找到一个方法，去处理这两方面的问题。我们不仅需要知道动物可以吃什么，还要知道它们有哪些选择。这就需要了解食物可选择性的变化。

关于这一点，最好的研究成果来自克坦贝。

同呼吸共命运

勒塞尔火山国家公园是苏门答腊热带雨林的一部分，联合国教科文组织已将其纳入世界文化遗产。它横跨赤道，沿着巴里桑山脉，在岛屿西侧由上而下绵延 1000 英里。这片广阔的原始热带雨林的面积足有几百公顷，克坦贝研究站仅占据其中一小片地方。它的北部以两条河床里满是岩石的河流为界，这两条河流分别是阿拉斯河和克坦贝河；南部则以巴里桑山脉的陡峭绝壁为界。这里似乎生活着无数种动植物，为了研究其中的 7 种灵长类动物，动物学家们已经花费了 40 多年的光阴。在 20 世纪 90 年代早期，我和妻子戴安曾用了数千个小时观察这里的猴子和猿类。

在开始灵长类动物的田野调查之前，需要了解的第一件事情是：我们研究的动物只是广阔森林里的一小部分而已。自然的宏伟壮阔令人窒息：棕色和绿色的阴影几乎遮蔽了天空，四下充满鸟鸣与蝉声；时时有鲜花与泥土的芬芳扑面而来，触及荨麻和被蚂蚁叮咬时我们也会感到刺痛。所有生物都被一个紧紧编织的生命之网包围，生命在雨林之中同呼吸共命运，人类也不例外。这是自然给我们上的第一课：我们不能脱离整体来理解猴子和猿类在环境中的生活方式，正如我们不能在切除大脑或心脏后，再来探寻它们的功能。

生命的韵律

动植物彼此协同，雨林就会蓬勃发展。无花果树结果，猴子吃掉果实，再将包上肥料的种子散播出去；蜣螂会把种子埋在土里，然后一株新植物就此发芽生长……自然精巧而复杂，令人不可思议，为了保持平衡，其系统各部分的相互作用始终在动态变化着。因此，自然界中的时序至关重要。

物候学是一门研究动植物生命周期及其影响因素的学科，时序是其重点。我在阿肯色州西北部的扎克高原有个住处，那里 4 月的阵雨让花朵在 5 月开放；树叶 3 月抽芽，11 月凋落；黑莓 7 月开始生长；苹果 10 月变得成熟。这些都是植物正常生命周期的一部分，大部分年岁里，这个周期都分秒不差，与温度、降雨量和日照长度的变化相关。如今，有关气候变化对植物发芽、开花和结果的研究进展迅猛。全球变暖可能会改变或破坏生物生命周期，物候学在帮助我们了解全球变暖对生物的后续影响时扮演了重要的角色。但全球变暖是另外的故事，还是让我们回到主题。

植物的生命周期取决于特定地点和特定时间的食物供给，因此，物候学对灵长类动物及其牙齿而言至关重要。热带雨林就像一个产出商品的本地超市，供应季节性和全年可用的物品。灵长类动物依据食物的成本和收益做出抉择，像把现货扔进购物车一样，把食物吃进它们的肚子里。

显然，在高纬度地区（比如扎克森林），季节会影响动植物的生活。但多数灵长类动物生活在热带，那里的情况如何？许多热带植物会在突然之间长出新的叶子、花朵和果实，这些突然式的增长可以在森林里同时发生，也可以在一年四季间随时发生。不同植物的生命周期是彼此错开还是同时开始，会对食草动物带来重要的影响。它既影响森林可以供养的动物数量，也影响动物获取食物的策略，及其季节性繁殖和分娩间隔等生命周期中的时间点。

许多因素会影响植物的开花、结果，以及叶子的生长，物候学可能因此变得十分复杂。首先，我们必须区分直接原因和根本原因，即触发具体事件的原因和革命性的原因。

降雨、温度和日照变化，这三者是影响如发芽、开花和结果等生命周期最为常见的因素。一年之中，同一地区内部的气候差异甚至会比不同地区间的差异更大。在存在明显季节变化的地区，生物的生命周期往往趋于同步。恰当的时序有利于植物应对规律出现的环境压力，譬如一年一度的干旱或受到限制的日照。一棵树可能会在雨季开始时结果，如此一来，它的种子就能获得所需的水分，减少在地面蛰伏的时间而迅速发芽。树叶会在日照最强烈的时候抽芽生长，越年轻的植物越能更好地利用太阳能，从二氧化碳和水中获取养分。不过，不同的植物，其生长规律也不同。高大的树木储有更多的碳元素和水，因而全年之中结果的时间更长，并且由于其高度带来的条件变化，树冠层及其下层树木的结果过程可能会受到抑制。更重要的是，每个森林都有独特的土壤、水系、地形特征和生物群落，这些都可以影响灵长类动物在特定时段内食用的植物部分。不过，在生活有灵长类动物的大部分地方，由于它们生物群落的复杂性，其间的植物总是在这里丛聚交错，在那里稀疏斑驳。

这便是根本原因所在。植物群落有时会在特定的时间点结果，以便每年迁徙期间，经过的鸟类可以为其播种。结群开花可以保证花朵的数量，以吸引授粉者驻足。生命周期的同步还可以减少捕食者造成的损害，例如在扎克高原的秋天，橡树会在某一时间内爆发式地结果，松鼠根本吃不完所有的橡树子。发芽也可能是阶段性的，只在食叶性的昆虫数量稀少的时节抽芽，以保护其幼嫩的叶子不被吃掉。另外，发芽、开花和结果的时间彼此错开也自有其益处。它可以避免植物在同一时间吸引传播者或授粉者，并且使得专门以其种子或叶子为食的生物不会获得过于充足的食物。无论森林的情况如何，生物生命周期总是有助于保持生态系统的微妙平衡。在灵长类动物计划一年之中的食物时，以上种种都是它们要考虑的东西。

那么克坦贝研究站里的具体情形如何？在普通的1年，研究区域内的平均降雨量超过10英寸，降雨的峰值出现在4月和11月，这时，每个月的降雨量在16英寸左右。在这里，全年有两个雨季和两个少雨季，即使是在最干燥的月份，降雨量通常都会有6～7英寸，所以很难称之为旱季。但雨季与少雨季的差异仍然十分明显。在雨季，东西总会发潮霉变，一天之中，大部分的时间里人都缩在雨披下，一面试着摆脱水蛭的纠缠，一面防止双筒望远镜起雾；而在7月和1月，晴天要比雨天多，洗完的衣服和毛巾当天就能在绳上晾干。

森林里的物候学反映了克坦贝的季节性变化。20世纪80年代，灵长类动物学家卡瑞尔·范斯海克（Carel van Schaik）和他的野外考察组曾花费数年时间测定植物发芽、开花和结果的时间。他们每个月都要在雨林里走上好几公里，检查数百棵树木，记录新长出的果实，测量落在小径上果实的尺寸，并从尼龙网中挑出枯枝败叶。他们发现，在第一个少雨季，也就是12～2月，许多叶片还未成熟；在第一个少雨季及雨季，也就是1～4月，花朵开始盛开；在雨量较为丰富的月份，也就是4月和10月，无花果最为充盈；在第二个少雨季，也就是7月和8月，许多其他的水果也已经成熟。

这种模式也同样适用于克坦贝，但是在某些年份，特别是对于高出树冠层的雄伟的龙脑香树林，规律会有些许不同。每隔几年，降雨量就会下降，周期大致与厄尔尼诺-拉尼娜南方涛动①的周期相同，目前，我们对这些异常气候的成因缺乏了解。每过几年，热带东太平洋的海面温度就会变得特别温暖或寒冷，这就是我们所说的厄尔尼诺现象和拉尼娜现象。它们影响到全球范围内的天气，海面温度和气压的

①厄尔尼诺-拉尼娜南方涛动现象时常被简称为“厄尔尼诺”。“厄尔尼诺”指赤道中、东太平洋海面温度异常的现象（厄尔尼诺事件时偏暖，拉尼娜事件时偏冷）；“南方涛动”指西太平洋赤道区域的海面上气压的变动。由于研究初期两者被认为是独立的事件而各得其名，现在普遍的认识是两者为一体两面，因而合称“厄尔尼诺-拉尼娜南方涛动”。

改变影响风向和洋流，风向和洋流反过来又影响全球降水的分布。在东南亚，干旱通常发生在拉尼娜转型为厄尔尼诺的过渡期间。特别是在转型的干旱期，那里的植物会大量开花结果，数量是往年的数倍之多。因此，影响森林中食物供给的因素颇多，远远不只是季节性的变化那样简单。

以上所有因素都会影响灵长类动物的食物选择。我不由想起以前家中的一顿晚餐。那时我的孩子还小，一天晚上，我的小女儿不喜欢盘子里的食物，她的姐姐严厉地说："爱吃就吃，不吃拉倒！"现实世界的运转方式也同样如此，对于克坦贝及其他地方的灵长类动物，它们可以选择的食物大大受限于时节，如果不爱吃现有的食物，那么它们的遭遇便会很"悲惨"。无论动物是否有切齿，自然界中也许也只有叶子而没有其他的东西可以选择。所以，要了解灵长类动物为什么吃特定的食物，就必须知道"菜单"上有什么，并了解这份"菜单"如何随着时间的推移而改变。

相似的牙齿与相异的饮食

但这并不是说牙齿不重要，它们当然也很重要。在现实世界的条件下，克坦贝是研究牙齿与饮食关系的理想场所。这片森林里生活着 7 种灵长类动物，它们可以同时获取相同的食物。但为了适应不同的食物，它们的牙齿和消化系统已经特化，从而显著影响其自身的食物选择。就像栖息在马达加斯加的灵长类动物一样，不同种类的动物在任何时候都可以吃到相同类型的水果、叶子或昆虫，但在一年之中，它们偏好的食物会有所差异。在克坦贝，叶猴多吃叶子和种子，猕猴、长臂猿和红毛猩猩多吃水果。长臂猿喜欢浆果大小的水果，而猩猩喜欢较大的水果。吃昆虫最多的则非猕猴莫属。随着时间的推移，饮食差异导致不同动物在体量、牙齿形状和消化系统上的区别。这是长期差异导致的结果，使灵长类动物得以共存共享森林资源。

除了上述这些宽泛的差异，动物的饮食还有一些细微的不同。差异有时是非常微妙的，细微之处恰好显示出牙齿的重要性，从而帮助我们分辨，牙齿如何决定灵长类动物在森林中的食谱。说到这儿，我立刻想到一个绝佳的例子。有一种当地称之为“阿卡尔帕罗”的宽叶买麻藤（*Gnetum latifolium*），它的果实和梅子差不多大，坚硬的外壳里有柔软的果肉，果肉里还包着好几个又大又软的种子。长臂猿、猕猴和叶猴都会吃这种水果，它们会用门牙咬开果壳，吸取里面可食用的部分，这个过程缓慢而乏味，吃一个果实要用一分钟的时间；而红毛猩猩直接用上下牙咬开果实，把它分成两半，这么做有效率得多，可以在一分钟内吃好几个果实。

不仅如此，这种果子会在成熟时变硬，因此长臂猿、猕猴和叶猴只挑软的、还未成熟的吃。有好几次，我看到这几种动物尝试着咬破成熟果子的果壳，但都以失败告终，只能原封不动地把这坚硬的食物放下。当森林里的其他灵长类动物已被迫放弃这种外壳变硬的食物后，唯有红毛猩猩继续来到“阿卡尔帕罗”的藤蔓边，连着好几天甚至好几周以它们的果实为食。厚实的牙釉质、坚硬的牙齿、强有力的下颌，三者的结合，使得红毛猩猩比森林里的其他灵长类动物更有优势。

红毛猩猩会食用其他灵长类动物不吃的坚硬食物，比如“阿卡尔帕罗”的成熟果实、橡子和树皮，但同时，它们既和猕猴、长臂猿一样，会食用大量柔软多肉的水果，也和叶猴一样，会食用鲜嫩多汁的叶子。无论是红毛猩猩，还是西部低地大猩猩，它们都不是专吃一种食物的动物。红毛猩猩和大猩猩的牙齿都已经特化，以应对具有“机械防御”的难啃的植物。虽然这两种动物都食用符合自身牙齿功能的食物，但这并不意味着，它们一直只吃和牙齿相适应的食物。

让我们再来看看褐狐猴和环尾狐猴，以及它们相似的牙齿和相异的饮食。正如先前所言，它们都吃水果、叶子和树皮，但各自的比例不同。里奇·凯、鲍勃·萨斯曼和伊安·塔特索尔认为，在自然选择中，相对于不同食物的食用比例，狐猴选择的食物种类可能更为重要。克坦贝的红毛猩猩和白河口的西部低地大猩猩似乎也印证这个观点（图 2.3）。我们可以据此类推，如果你 1 年之中有 11 个月都在吃布丁，那么牙齿形状便也无关紧要；但如果在剩下的一个月里，你除了吃岩石否则就会饿死，那么你的牙齿就必须适应岩石。

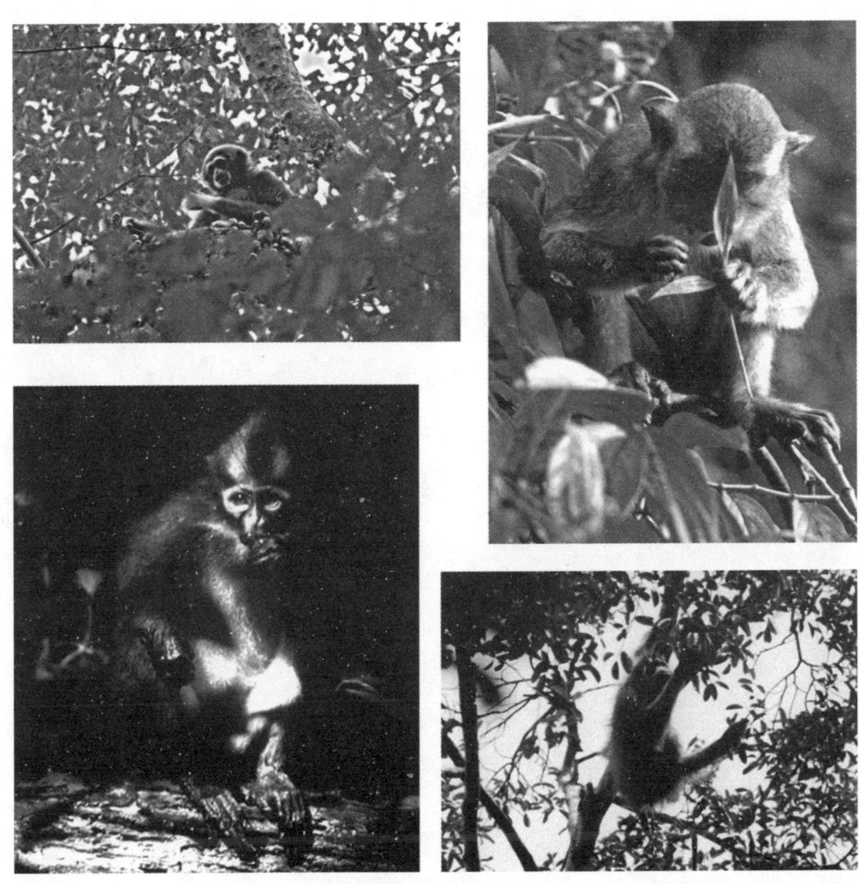

图 2.3　克坦贝的灵长类动物

从左上到右下依次为长臂猿、猕猴、叶猴、红毛猩猩。它们生活在森林中的同一个斑块内。

光辉岁月与落难之时

在灵长类动物是每天还是偶尔使用其特化牙齿的问题上，自然似乎没有给予过多关注，只要它能保证生物个体生存繁衍即可。对于这一现象，生活在基巴莱国家公园和塔伊国家公园（分别属于乌干达和科特迪瓦）的白眉猴给了我们最好的解释。现在，让我们把叙述视角转回非洲。

生存优势

基巴莱国家公园位于维龙加火山东北部，爱德华湖以西，鲁文佐里山脉的上方。公园内有一片近 300 平方英里的热带雨林保护区，保护区在乌干达西南部，靠近东非大裂谷。基巴莱国家公园是 10 多种灵长类动物的家园，也是世界上猴子和猿类密度最高的地方之一。大部分的研究都在公园北部的坎雅瓦拉村附近完成，在过去的 25 年里，乔安娜·兰伯特（Joanna Lambert）一大半时间都在那里工作。乔安娜·兰伯特是科罗拉多大学的灵长类动物学家，她在基巴莱研究多年，提出了许多非同凡响的观点，比如基巴莱公园的食物供应在长时间内如何变化，以及这种变化如何影响灵长类动物的饮食。

1997 年夏天，兰伯特在基巴莱研究红尾长尾猴和灰颊冠白脸猴如何使用它们的颊囊。猴子的脸颊上有特殊的颊囊，可以用来收集和储存食物。兰伯特想进一步了解猴子如何以及为何会用到颊囊。她刚来公园不久，森林里就发生了一件让她分神的大事——干旱。干旱已经到访基巴莱，林下叶层的叶子枯黄，几乎找不到果实。这次的旱情比以往兰伯特见过的任何一次都要严重。

一年之中，乌干达西南部的降雨变化十分明显。如克坦贝的干旱一样，这里的气候变化频率也与厄尔尼诺 - 拉尼娜南方涛动现象同步。

在乌干达西南部，山脉和湖泊的复杂地形条件更是强化了降雨变化带来的影响。1997 年，厄尔尼诺现象带来的变化尤其强烈，干旱使得基巴莱的森林日渐“枯萎”。猴子们非常饥饿，它们起早贪黑，大部分时间都花在了觅食上，而且常常吃一些原本不会吃的东西，比如硬邦邦的枯叶。基巴莱的长尾猴和白眉猴原本食性相仿，都喜欢吃柔软多肉的水果和幼嫩的树叶。但是在那个夏天，由于这两种食物极度稀缺，兰伯特注意到，它们的饮食开始出现差异，白眉猴开始更多地吃树皮和坚硬的果核。

还是在同一个夏天，乔安娜·兰伯特在开始研究颊囊的同时，还发现了一些别的东西。对于我们这些对牙齿和饮食的关系感兴趣的人而言，这些另外的发现更加重要。通过在基巴莱的观察，兰伯特告诉我们：即便可以获取的食物年年都会发生变化，两种不同的灵长类动物也可能具有相似的饮食，但罕见气候事件带来的极端条件变化（比如超强的厄尔尼诺现象），可以导致其饮食上的差异。这归根于灵长类动物的适应性，若是喜爱的食物十分稀缺，它们也可以退而求其次，去吃一些不喜欢的东西。让步的程度因时而异，食物的拮据或充裕与否，既随着季节的更替而沉浮，也随着时间的推移而变化。在上述例子中，一场千载难逢的大旱导致饮食出现差异。兰伯特能够观察到白眉猴转变饮食，是因为白眉猴自身生理结构的特殊性，比如厚实的牙釉质、坚固的牙齿和大而有力的下颌，这些特征都适用于硬脆的食物，具备食用树皮和坚硬种子的能力。对于基巴莱的白眉猴而言，特有的生理结构造就了它们的生存优势，但在它们的一生中，也只有一次使用这份特殊恩赐的机会。

不懂得照顾自己的猴子

对于塔伊国家公园的白眉猴来说，故事可是另一番样子。塔伊公园地处科特迪瓦的西南角，距离基巴莱西部 2600 英里，横跨刚果盆地和几内亚湾。在西非，它是原始热带雨林最大的剩余部分，11 种灵长类动物栖息其间。虽然这里灵长类动物的密度低于基巴莱，但塔伊国家公园的面积是基巴莱的 4 倍，并且具有相似的物种多样性，都生活有黑猩猩、2 ～ 3 种低等灵长类动物，以及包括白眉猴在内的 8 种猴子。

在某些方面，塔伊和基巴莱的白眉猴的差异非常明显（图 2.4）。基巴莱的灰颊冠白脸猴喜欢待在树上，而塔伊的白颈白眉猴主要在地面上移动和觅食。在我读研究生时，大多数研究员认为，这两种猴子属于同一物种：它们都有大大的切齿、牙釉质厚实的扁平的臼齿、能够咬碎坚果和树皮等坚硬食物的强健有力的下颌。然而，基因研究表明，这两种白眉猴并不属于同一个物种，比起白颈白眉猴，生活在热带草原里的狒狒反而与灰颊冠白脸猴的亲缘关系更近。这两种白眉猴的差异固然细微，但仔细检查包括牙齿在内的解剖学细节，我们还是能够发现二者的区别。它们只是在整体上比较相似，尤其在食用硬物方面。

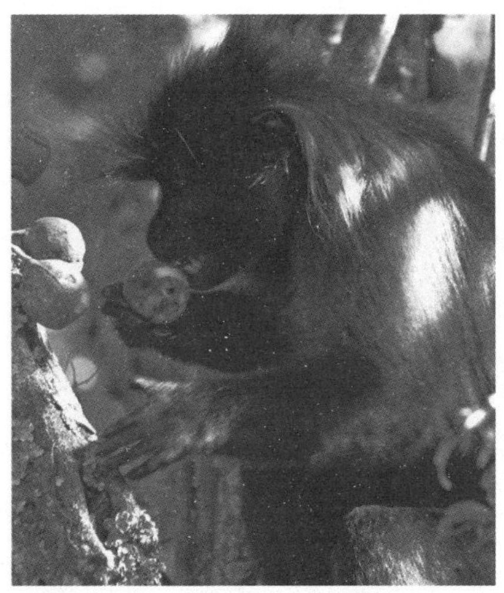

图 2.4　左图：塔伊国家公园里，一只白颈白眉猴在森林地面上食用香柑木属的坚果；右图：基巴莱国家公园里，一只灰颊冠白脸猴在吃柔软的水果。
照片分别来源于斯科特 · 麦格劳和阿兰 · 霍尔。

20 世纪 90 年代初，斯科特·麦格劳（Scott McGraw）和我都在石溪大学读研究生，他比我晚入校几年。在我毕业满一年的 1993 年，麦格劳开始了他在塔伊国家公园的专题研究。一开始，斯科特·麦格劳、鲍勃·萨斯曼、乔安娜·兰伯特和我一样，都在各自的地区做着相似的研究，观察猴子如何划分森林资源，以期彼此共存（在当时，这个问题是研究热点）。不过渐渐地，麦格劳转变研究方向，不再把目光集中于饮食，而开始重点关注猴群定居和迁移能力的差异。事实摆在眼前，从一开始，塔伊的白眉猴与其他猴子就存在根本的区别：前者长期在地面生活，于落叶层中寻找掉下来的坚果。虽然麦格劳的初步观察并不侧重于饮食，但他很难忽视这个发现。毕竟在森林地面上，100 只白眉猴聚在一起吃坚果的动静可不小。

在接下来的几年，麦格劳继续在塔伊工作，森林地面上的坚果越来越引起他的注意。巨型的香膏科香柑木属植物通常超过 120 英尺，它们主宰着塔伊的植被冠层，一年数月产出大量坚果。这种坚果富含纤维，成熟的果肉闻起来有点像苹果派，养育了森林里许许多多的灵长类动物。这种坚果的大小和形状与核桃相似，表面凹凸不平，不易腐烂，一年四季都可以在树木下方的林地上找到。它的外壳或内果皮都非常坚硬，里面包裹着相对较软的种子。一年之中，塔伊的白眉猴大部分时间都以这种果实为食。

正如基巴莱的白眉猴，塔伊的白眉猴也有平坦而釉质厚实的后牙、强健的颌骨，以及有力的咀嚼肌。麦格劳发现，白颈白眉猴会用前臼齿和臼齿咬开坚硬的内果皮，其他猴子则因为咬不动香柑木属的果实，而不吃它们。黑猩猩偶尔会吃这种果实，但也只能用石头而不是牙齿来破开它的内果皮。对于塔伊的白眉猴而言，牙齿和颌骨赋予其优势，让它们在一年之中能够获得其他猴子根本无法使用的资源。这与基巴莱的情况截然不同，那里的白眉猴的优势仅限于，在找不到心仪食物的紧张时期，它们有能力去吃一些后备食物。

相较于塔伊的灵长类动物，基巴莱的白眉猴和长尾猴的饮食更为相似。诚然，这两种猴子是不同的物种，但归根结底，对于塔伊的白颈白眉猴而言，是什么原因使得它们不像其他那些懂得照顾自己，以水果为主食的猴子一样，多吃一些糖分高肉质多的水果？如果它们知道附近的树冠上结有成熟的水果，它们会不会像白河口的大猩猩无视可食用的树叶和茎干一样，忽略掉在地上的坚果呢？也许白颈白眉猴会做出相同的选择，但问题本身并没有太多实际意义，因为正如麦格劳的发现，生活在塔伊的白颈白眉猴大部分时间都在地面或近地面活动。如若它们不在树上觅食，那么它们就吃不到结在树冠层的水果，也就无所谓果实的成熟。也许地面觅食的行为存在局限，但这毕竟是白颈白眉猴的习性，也使得它们能够与其他灵长类动物和平共处。正如我们先前提到的那样，饮食与牙齿的关系确实非常复杂，会因灵长类动物的种类区别，以及能够获取的资源的差异而变化。

随想：生物圈的自助盛宴

正如我在前言中写道的那样，一提起自然界中的食物选择，我的脑海里就会想象出整个生物圈。地球的生物圈就像是一个巨大的自助餐厅，滋养其间的无数生命。动物们手拿餐盘，径直走向摆放食物的餐桌。它们会拿些什么呢？这不仅取决于它们手中的餐具，也得看它们走到餐桌时还剩下什么东西。也就是说，食物的选择是一个匹配需求的问题，具体取决于特定时间、特定地点下大自然的供给，以及动物牙齿又能对付食物中的哪一部分。

所有我们提及的灵长类动物都告诉我们，适当的牙齿对于获取特定的食物尤为重要，特别是那些通过增韧或硬化其组织来保护自身的生物，牙齿更是起到决定性的作用。我们还从中了解到，牙齿种类比牙齿使用的频率更加重要，它们既可能像维龙加的山地大猩猩和塔伊的白眉猴，每日都要用到格外锐利或坚固的牙齿；也可能像白河口的大猩猩，只需要在季节变化时用到强健的牙齿，以度过食物紧张的时期；还可能像基巴莱的长尾猴，坚固的牙齿很长时间都派不上用场。在自然历史博物馆里模拟生物的日常生活情境时，古生物学家必须牢记这些要点。在探讨导致人类饮食进化的因素时，古人类学家也必须理解这些知识。

这样的观点看似平平，但实际上，却标志着化石研究人员在思考方式上的根本变化。安塞若那南比的褐狐猴和环尾狐猴让我们明白，不能简单地认为具有相似牙齿的化石生物具有相同的饮食；同样，基巴莱的白眉猴和红尾长尾猴在一般状况下的生活让我们明白，不能假设具有不同牙齿的动物的日常饮食就一定完全不同。自然比简单的二分法更加复杂，推测化石灵长类动物的食性，其可能的影响意蕴深远。

即使我们了解牙齿是如何工作的，了解自然的匠心所在，也并不意味着我们了解个体如何使用它们。我们不能只看过少量的化石牙齿，便信心满满地说："这种动物主要以叶子为食。"每天、每周甚至是每月，灵长类动物很少有只吃其"能嚼动"的食物的时候。在动物对食物的选择上，还有许多其他的因素影响，比如与亲缘物种的竞争，以及时空迁移导致的可食用生物的变化等。我们已经了解到，食物的供给随着季节或年岁的推移而变化。在生物圈这个自助餐厅里，灵长类动物若是找不到想吃的食物，就必须吃剩下能吃的，否则就得挨饿。

所以，请记住以上这些知识，一起来看看化石吧！

第 3 章　步出伊甸园

Evolution's Bite：

A Story of TEETH，DIET，*and* HUMAN ORIGINS

如果你看过斯坦利·库布里克(Stanley Kubrick)编剧并执导的《2001太空漫游》(*2001: A Space Odyssey*),你应该还记得这部电影的剧情。电影开场片段中的场景发生于200万年前,那时非洲平原上是一片荒漠,一群人猿[①]饱受饥饿与干渴的折磨,濒临灭绝。一个人猿突然拾起地面骨架上的一根胫骨,对准一个动物的头骨猛击。然后镜头一转,一只貘被打倒在地,接着,这群人猿吃起了东西(这里与克拉克原书中的描写略有出入,书里人猿用的不是胫骨,打倒的也不是貘,而是用一块尖尖的石头砸倒了一头疣猪。不过殊途同归,它们的效果是一样的)。世界的未来因他们的抉择而改变,人猿俯视倒霉的受害者,全新的意识就此觉醒:在这一刻,我们的英雄知道,自己以后再也不会挨饿。

这是一个扣人心弦的故事。人猿的祖先曾经生活在广袤的森林里,干旱却让它们失去了安全舒适的家园,取而代之的是一片荒凉贫瘠的旷野。人猿暴露在重重危机之中,于饥馑中困顿求生。面临危局,他们凭借仅有的决心、智慧和粗糙的工具征服了自然,而那些更为不幸

①名称来源于原书作者亚瑟·克拉克(Arthur C. Clarke)在书籍中使用的称谓。

的动物则在热带草原上化为枯骨，成为人猿制造工具的原料。正是这样一个不断变化的世界，让我们的祖先渐渐进化成现在的人类。而在进化的过程中，饮食扮演着至关重要的角色。

旱季的开阔热带草原是一个残酷的地方，尘土飞扬，燥热得令人窒息。草原和丘陵之间只能看到零星露出地面的基岩，以及几片稀疏的树荫，偶尔也能看到蜿蜒的溪流或小河，河岸边长满茂密的植被。草原里危机四伏，狮子、鬣狗、花豹、猎豹躲在各个角落里等待捕食。我们的祖先就生活在这样一个对生命冷酷无情的世界里，时时面临重重挑战。但是他们经受住了挑战，得益于此，你现在才能够读到这本书。（就在你读这本书的同时，也许在世界上的某个地方，一只与人类基因相似度高达 98%的黑猩猩正在爬树或抓虫子。它很少思考与肚皮无关的事情，祖先也从未离开过热带雨林。）

在过去的几百万年里，人类取得了长足进步。人类如何取得这样的成就？是什么让人类与其他灵长类动物区别开来？在人类起源之地，环境必定是重要的影响因素。进化是适应环境的过程，在现存生物中，与人类亲缘最近的猿类大多生活在郁闭[①]的森林里，但如今我们发现古人类化石的地点，通常都是在开阔的草原，环境的舒适度远远不如森林。难道这些化石是数百万年前，我们的远祖在迁移时留下的遗存？是他们主动迁入热带草原，还是草原逐渐扩散，侵入了他们及其后代的领地？无论哪种猜想更贴近事实，我们至少能够确定，在过去的某个时刻，包括捕食者、竞争者及食物在内的古人类生存环境发生了改变。问题在于，我们的远祖如何应对这些改变？

我们在第 2 章提到，在生物圈这个“自助餐厅”里，食物在不断变化，在特定时间和特定地点内，灵长类动物必须做出选择。在一年之中，植物正常的生命周期，如发芽、开花、结果等都会影响食物的

①郁闭是指林木树冠彼此互相衔接的状态。

可用性；如果受到像厄尔尼诺现象这样的较长周期的影响，可选择的食物种类也会发生显著变化。至于数千年甚至数百万年的环境变化带来的影响，则更是难以估量。在如此长的时间跨度上，离开生物圈供应的“自助餐”，生物根本无法生存。在环境短暂变得恶劣的时候，动物常常也能够渡过难关，即使在这一时期，它们的牙齿和消化系统无法充分利用环境中可食用的东西。但如果这种环境转换月复月、年复年，那么情况就完全不同。一个世纪接着一个世纪的“饥荒”会导致生物灭绝，一个物种只有通过进化适应新的环境，能够利用新的资源，才能在这个不断变化的世界中生存下来。

这就是动物牙齿存在差异的原因。由于物种适应不同的食物，自然选择使得不同生物的牙齿在形状、尺寸和结构上各有不同。环境中的食物是否是动物的最爱并不重要，只要动物能通过微调牙齿的形式与功能获得某种优势即可。如果环境的改变意味着物种可选食物的变化，也许我们能够在牙齿进化的谱系（包括人类的牙齿在内）中找到支撑这一观点的证据。也就是说，牙齿可以帮助我们探索变化世界中的食物选择，以及帮助我们了解人类进化过程中动态环境和饮食所扮演的角色。我们足够幸运，因为人类化石中有许多牙齿可供研究。

非洲之子

曾经，世界上最重要的一部分化石，存放在约翰内斯堡金山大学医学院的小型保险库房里。前任医学院院长，即我的师祖菲利普·托拜厄斯（Phillip Tobias）称这些藏品为“富有的窘境”。库房门刚好通到实验室，里面装满在亚非大陆发现的人类祖先的牙齿和骨头，以及展示他们面孔的陈旧的铸模石膏半身像（研究人员可以用这些复制品与珍贵的原始标本做比对）。房间中央的大桌子是来访者工作的地方，上面铺着一张橙绿色毛毡。我第一次去那里时，迫不及待地想要看到和摸到我们的远祖在几百万年前留下的遗体。我读了太多太多与它们有关的东西，对我而言，每个标本仿佛都还活着，都还在呼吸。

库房的管理员捧着一个木制托盘出现在我的面前。他把托盘放在橙绿色的毛毡上，里面有六件南方古猿的牙齿和颌骨的标本。我多年学习，飞越大半个地球来到这里，就是为了这一时刻。在来之前，我曾想象当自己真正见到这些化石时，将是如何地谦恭与敬畏。但事实不尽如人意，现在在我眼前的不过是些冰冷的毫无生气的牙齿而已。我曾期望它们会流露出一些与众不同的气息，能揭示科学的本质，能告诉我它们曾经是谁，如何生活，又如何与我息息相关。但这愿望完全落了空。

那一刻我突然意识到，我所了解的南方古猿的一切知识（无论是其生活方式，还是社会关系），都是前几代研究人员通过对牙齿和骨头的层层分析而来的。化石本身并不让人敬畏，也不具备智慧，是科学家赋予它们重大意义。本章将介绍古人类学的一些关键，如化石及发现并研究化石的人。在了解演变的进程、理解饮食和环境如何塑造人类方面，每一件化石和每一位研究者都做出过自身的贡献。

汤恩的头骨

故事要从雷蒙德·达特（Raymond Dart）开始说起，大三时，我在美国自然历史博物馆举办的“古人类研讨会”上遇到了他。当时，最优秀的古人类学家齐聚一堂，而我也见证了一个历史性的时刻：一些最重要的人类化石的原始标本首次集中展出。会议间隙时，观众陆续退出礼堂休息，而我由于之前喝了太多咖啡，急匆匆地朝外面的洗手间走去。我走到小便池前，瞧了瞧左边的人。是他！雷蒙德·达特！这位伟大的老人在 60 年前证明人类起源于非洲，仅凭一己之力改变了通行的科学观点。一瞬间，我对他肃然起敬，我快步走出门外，等他出来时向他做自我介绍。达特很亲切，在接下来的半小时里，我们坐在礼堂外面的地板上，听他讲“汤恩幼儿”的故事。在研究人类起源的历史上，这是一个决定性的时刻。

那时，达特在新成立的金山大学医学院担任解剖学教授。他需要骨骼和化石来支持自己的教学计划，因此他鼓励学生假期里到南非广阔的原野上为他搜集骨殖。1924 年的夏天，一位学生给了他一块狒狒的头骨化石，这块化石发现于距离约翰内斯堡西南 400 公里远的汤恩村附近的采石场。灰岩是保存化石的优良介质，在金属加工过程中大有用途。在南非各处，采石工人兢兢业业，用爆破的方式为蓬勃发展的采金业供应石灰。

一看到这块头骨化石，达特立刻意识到它非比寻常。就他所知，这是首个在撒哈拉以南的非洲地区发现的灵长类动物化石。是否还有更多的化石埋藏在那里？幸运的是，采石场的一位老矿工因为兴趣一直在收集和保存化石。正当达特盛装打扮，准备参加朋友的婚礼时，两个大木箱子运到他的家中。60 余年之后，坐在礼堂的地板上，达特向我讲述当时的情形，仿佛这一切就发生在昨天。他迫不及待地打开箱子，发现里面有一件大脑的铸模化石。这个发现甚至比他想象的还要重要：化石太大了，绝不可能是狒狒。身为伴郎的他站在那里，还没完全穿戴整齐，就开始在满是化石的箱子里寻找颅骨的其余部分。虽然化石被尘土和石灰覆盖着，但他还是找到了。

在接下来的几个月里，达特利用妻子织毛衣的针，一点点将头骨与覆盖它的灰岩剥离。现在，化石头骨的面部清晰地显现出来，这是一张完整的脸，但由于死亡时的状态，下颌紧闭着。 在它死亡时，它的第一臼齿刚刚探出牙龈，在口腔内生长。如果他是人类，那么他大概在六岁，达特叫他“汤恩幼儿”。它的面部和下颌的特征有一些与人类相似的地方，而且没有猿类的大型犬齿。但最让人惊叹的还是它的大脑，因为活着时大脑紧贴着颅骨，所以在颅骨化石的内部，留有一些大脑表面的细节。

“汤恩幼儿”的颅骨内被沉积物充填，碳酸钙溶液渗透其间（图 3.1）。经过数百上千年的沉积，它渐渐变成像岩石般坚硬的自然颅腔模型，可以看到大脑右侧原始表面的隆起和凹槽，甚至可以看到围绕着脑区，为大脑提供一层保护膜的动脉。模型的另一面被方解石覆盖，如灯下的钻石般闪闪发光。更重要的是，达特认为这个大脑的脑容量不仅大于幼年黑猩猩或大猩猩，而且表面特征也和人类更为相似。它的脑干接近颅底中央，而不是位于相对靠后的位置。在达特看来，这意味着这名幼儿头部直立，双腿行走，而不是像猿类那样四足行走。

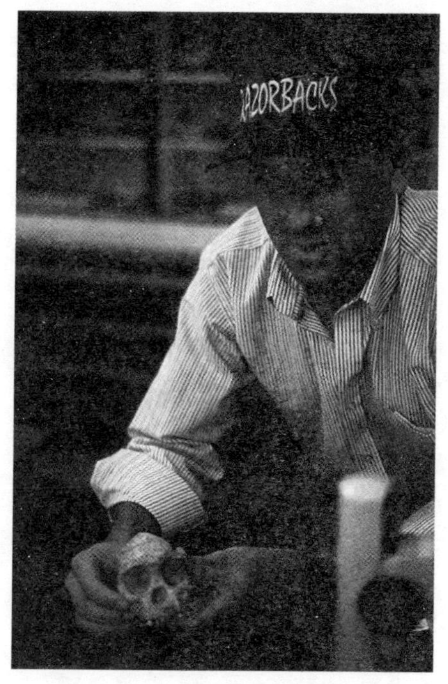

图 3.1　作者与“汤恩幼儿”的合照，地点在金山大学医学院的古人类收藏室

达特将它命名为“非洲南方古猿”（*Australopithecus africanus*），并宣布“汤恩幼儿”是“介于现存类人猿和人类之间的灭绝种族”。但也有人对他的结论存疑，因为采石场内沉积物的年代尚未确定，发现头骨的位置也不明确。事实上，当达特宣布自己的发现时，他还没有将化石的上下颚分离，所以他不可能看清牙齿的齿冠，更不用说把它拿来和其他类人猿做比较。此外，这毕竟是一个幼年时期的生物的头骨化石，谁知道成年之后，它会变成什么样子呢？我们真的可以仅凭脑干的位置便推断它可以用双腿行走吗？这就像是在说南方古猿是一种两足动物，但没有任何颈部以下的证据支撑这个结论。

事实上，这件事在当时并未引起太大关注。尽管达尔文在《人类的由来》（*The Descent of Man*）中推断："比之其他大陆，非洲大陆更有可能是我们早期祖先居住的地方。"但大多数研究者仍然相信，人类是从亚洲或者欧洲大陆进化而来的。最早发现的猿人化石爪哇猿人（*Pithecanthropus erectus*）——现在也叫直立爪哇猿人，发现于印度尼西亚。而无论是发现于欧洲的尼安德特人，还是发现于英国的道森曙人①，这些猿人的脑容量都要比"汤恩幼儿"大上许多（并且道森曙人的犬齿更原始，和猿类一样）。"汤恩幼儿"表现出的特征似乎是错误的，如果南方古猿的确"介于现存类人猿和人类之间"，那么它的犬齿应该比道森曙人更原始，毕竟它的脑容量明显要小很多。

草原的日出

虽然达特的论证基于解剖学和地质学原理，但科学界还是不认同他的观点。现在，是时候运用"超级武器"——**进化的基本原理**来论证了。早在半个世纪前，查尔斯·达尔文（Charles Darwin）已经提出，我们的祖先从树上下来，是"为了生存而做出的行为或生活环境上的改变"。达特是热带稀树草原假设的首倡者，他推断草原环境带来的挑战是人类进化的必要条件，因为草原上水和食物匮乏，又充满竞争者和捕食者，自然迫使人类祖先进化出更为灵活，用两腿行走的前进方式，并发展出脑容量更大的类人的大脑。

但是在20世纪20年代，人们普遍认为自恐龙时代以来，南非的气候没有真正发生过改变，在"汤恩幼儿"生活的年代更不存在自然条件的变化。因此，如果我们祖先的栖息地不是因为气候变化变得荒凉干燥而被迫迁移，那么他们必定是主动迁移到草原生活。这是达特

①道森曙人也被称为皮尔丹人，曾被认为是进化环节中的类人猿头骨，后被证实是由中世纪人类头骨和猩猩牙齿拼凑的赝品。

论证的基石，现如今，非洲的猿类、黑猩猩和大猩猩都居住在北部的热带森林里，广大而干燥的卡拉哈里沙漠和开阔的大草原将森林与汤恩村远远隔开。普通猿类仰赖树木维生，没有一只猿类能穿过如此荒凉的贫瘠土地，并从这种严峻的考验中存活下来。只有久居地面的猿人才可能做到这一点。“汤恩幼儿”绝对是古人类，不仅是因为他出现在那里，更是因为他有能力到达那里。达特这样写道：“艰难的自然和动物环境，再加上生活的变迁……要求（生物）做出决断，富有智计。”

许多人仍然不相信“汤恩幼儿”或非洲大草原与人类进化之间存在哪怕一丁点关系。但达特找到一位与他持相同观点的伙伴，他叫罗伯特·布鲁姆（Robert Broom），是一位苏格兰裔的医生兼古生物学家，当时在南非的干旱台地高原工作。这是一片位于汤恩的南部和西部，满是干旱平原和裸露丘陵的高原，曾经发掘出两亿六千五百万到两亿四千万年前的似哺乳类爬行动物化石，因而闻名于古生物学界。在达特发表他的观点后不久，布鲁姆来到约翰内斯堡，准备亲眼一睹“汤恩幼儿”。他也确信这是古人类的化石，而且在几天之内就写出一篇论文。他把这篇篇幅不长的论文投给《自然》（*Nature*），以支持达特的结论。虽然布鲁姆的论文没能在短期内让众人信服他们的论点，但最终他会平息所有的批评。不过，这个证明过程花费了数十年的时光，并且用到了他自己发现的化石。

1934 年，布鲁姆来到比勒陀利亚①，成为德兰士瓦博物馆的策展人，主要负责人类体质学和脊椎动物古生物学展区。在克鲁格斯多普以北，布卢班克山谷一带有很多开采灰岩的采石场，从博物馆开车到这些采石场只需要一个小时，布鲁姆可以在那里搜寻类人猿的化石。他决心要在这些采石场里“找到一具汤恩人猿的成年标本”。

这片被无数废弃的小采石场围绕的土地，如今已摇身一变成为“人

①比勒陀利亚是南非的行政首都，位于南非东北部。

类摇篮”遗址，被联合国教科文组织列入世界遗产名录。该地跨越豪登省和西北省，在北纬1度以西25公里远的地方，是连接约翰内斯堡和比勒陀利亚的广阔走廊。它包括180平方英里连绵起伏的丘陵，覆盖着丛林和稀树草原，还有农场、禁猎区及世界上首屈一指的鸡肉馅饼。另外，数十个已知的、保存有化石的地方也在该区域内。该区域内的沉积物是洞穴沉积，在威特沃特斯兰德矿脉的淘金潮中，这些洞穴由爆破形成。成堆的破碎岩石在采矿过程中散落，如今，洞穴周围的地面上堆满角砾岩块。这些岩石由黏土、角砾及有机物的骨质组成，被地球渗出的碳酸钙溶液胶结形成沉积物。

1936年，布鲁姆去到其中一个叫斯泰克方丹的采石场，与他同行的还有达特的几位学生。没过多久，他们就找到第一例南方古猿的成人头骨。第二年，他们还找到一截股骨（也是这具骨骼中，最早被发现的其余部分）。又过了一年，在距离斯泰克方丹几公里远处，一个名为克罗姆德拉伊的地方，他们又发现了一种完全不同的古人类化石，它强壮，与人类相似，有大而坚固的面颊、下颚和颊齿，布鲁姆将其命名为罗百氏傍人（*Paranthropus robustus*）。现在，人类不仅发现了一个成人版的汤恩头骨，而且到1938年中期，还有人在南非发现了其他骨骼和至少两种不同类型的古人类化石。证据确凿：人类确实是非洲之子。

野兽的盛宴

随着达特继续完善自己的理论，以及将获得的证据相互拼合，他发现，一个无情但充满肉食的热带草原开始成为人类进化的中心舞台。达特深信，当我们的祖先离开原始森林时，世界也发生了变化。正是由于这种变化，我们的祖先才抛弃了过去的自己，从头脑简单、生性懒散的食果动物，变成勤劳而狡猾的食肉动物。在南非采石场发现的破碎的动物骨骼化石可以证明他的观点，这些化石就分布在南方古猿的身边。达特认为，种种迹象表明，这些动物是因受到重击而骨头断裂。他详细描述了南方古猿杀死和食用猎物的技术：

> 人类的祖先与现存的猿类不同，确定无误的是，他们是群杀手。他们是捕食活物的食肉动物，他们用暴力将猎物活活打死，把它们大卸八块，用它们的热血填补饥饿的身躯的渴望。他们不顾猎物因痛苦而扭曲的身体，贪婪地吞噬活生生的肉体。

达特一向善于煽情，当被问及为什么要在科学论文中使用如此耸人听闻的散文式叙述时，他这样回答："这才使得它们（南方古猿）活灵活现！"

但是，达特有关南方古猿的看法，也部分来源于类比。他曾经比较过现存于非洲草原上的灵长类动物和南方古猿。在《从猿到人的食肉者转变》（*The Predatory Transition from Ape to Man*）中，达特转录了哈罗德·波特（Harold Potter）寄给他的一封信。波特是赫卢赫卢韦野生动物保护区（Hluhluwe Game Reserve）的一名管理员，他在信里谈到狒狒冬季里的群体捕食行为（而这也是达特熟知的），他说："这可能是由于其他食物的短缺。"如果生活在南非的狒狒一旦没有肉质植物可食就会转而捕猎，那么生活在过去的南方古猿当然也同样会这么做。早在当年，达特便已经意识到季节变化对灵长类动物的饮食的重要性，那时，梅丽莎·雷米斯、乔安娜·兰伯特，以及我还尚未出世，就更不必说踏足森林了。

但此时距离找到实际证据，证明季节变化可能在人类饮食的演变中发挥重要作用，仍然还有半个世纪的时间。眼下我们要解决的问题是，除了借助保存在沉积岩中古人类化石身边的食物，或是类比现存灵长类动物，是否还有其他方法可以用来推断古人类的饮食？罗伯特·布鲁姆的学生约翰·罗宾逊（John Robinson），首次提出通过研究古人类化石的细节来解决这个问题。不出所料，他从牙齿着手研究。

不断变化的世界

罗宾逊并非初始就对牙齿感兴趣，一开始，他甚至没有兴致研究人类进化。1945 年，为了完成毕业论文，他在开普敦大学研究浮游生物。当时德兰士瓦博物馆有一个工作机会，内容是协助策划一个飞蛾类展览，展品都是最新搜集到的。虽然这并不完全符合罗宾逊的职业规划，但那时二战刚刚结束，工作机会难得，所以他接受了这个职位，搬到比勒陀利亚。没过多久，罗宾逊便遇到罗伯特·布鲁姆，并在 3 个月后追随布鲁姆，加入他的体质人类学和脊椎动物古生物学系。虽然布鲁姆当时已经 80 高龄，而罗宾逊只有 23 岁，但两人十分投缘，一见如故，立刻开始在布卢班克山谷周围的灰岩采石场认真研究化石。从那时起到布鲁姆逝世，两人在 5 年时间里一起发表了近 24 篇论文，其中一篇论述的是第三种类型的古人类化石。在这篇文章里，两人对它的下颌和牙齿做了详细的描述。1949 年，罗宾逊在斯瓦特科兰斯遗址（在斯泰克方丹遗址对面，两地之间隔着一个峡谷）发现了这件化石。此前，斯瓦特科兰斯已出土过傍人的化石，但显然，这具化石与先前发现的古人类化石并不是同一物种。它的牙齿和下颌比先前发现的古人类化石小，更接近现代人类。因此，布鲁姆和罗宾逊把这种新发现的古人类命名为开普猿人（*Telanthropus capensis*），并宣称它是介于其他早期古人类和现代人之间的一个物种。后来，开普猿人与发现于亚洲的爪哇猿人一起，被划分为直立人（*Homo erectus*）。

现在舞台已经搭好，主要参演者南方古猿、傍人和早期人属也已经准备就位（图 3.2）。它们彼此之间有怎样的关联，它们和现代人的关系是什么？它们在人类进化中起到怎样的作用？化石证据是否符合达特的大草原假说？罗宾逊在心中反复权衡这些问题。布鲁姆去世后，他接替这位老同事的工作，并在 20 世纪 50 年代初将研究集中在古人类的牙齿上。他不仅详细描述前人没有注意到的古人类牙齿细节，而且开创先河，运用饮食差异来解释不同种群间牙齿大小、形状和结构的差异。由于古人类的食性差异，以及栖息地的不同，罗宾逊认为两种分支不同的古人类可以和平共存，他是第一位做如是推论的人。

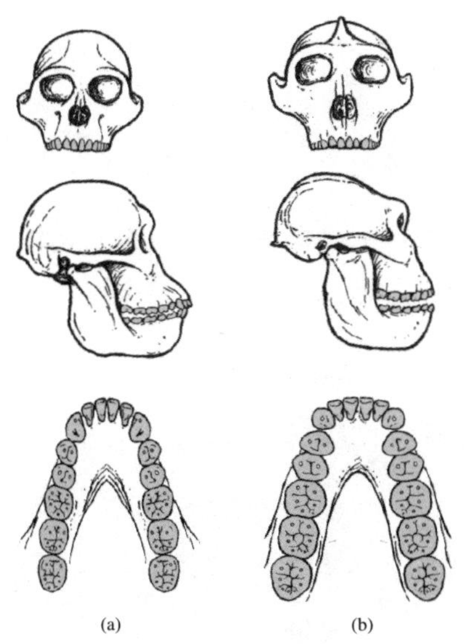

图 3.2　南非出土的古人类

（a）南方古猿和（b）傍人头盖骨与下颌骨的重建。图片来自约翰 · 弗利格尔。

与南方古猿相比，傍人的前后臼齿非常大，但门齿相对较小。此外，它的颊齿有一层很厚的牙釉质，牙面平整，有横穿齿冠从一边到另一边的划痕。罗宾逊认为，这意味着牙齿曾大量用于研磨植物的某些部位，如枝干、叶子、浆果和坚硬的野果。由于牙齿存在缺口，它也可能食用过粗糙的食物，比如植物的根和茎。另外，南方古猿的门齿和犬齿较大，前后臼齿较小。这类牙齿与达特的描述更为贴切，因为这表明，南方古猿多变的饮食中包含肉类。罗宾逊推测，傍人是更原始的古人类，南方古猿在向现代人的进化上更近了一步。进一步发展，早期人属才拥有了更大的门齿，以及更小的臼齿。如上所述，约翰·罗宾逊为我们今天了解古人类的饮食奠定了基础。

罗宾逊的下一步研究，是尝试了解饮食差异在更大的人类进化问题上有何意义，譬如环境在进化过程中的作用。这需要弄清楚事情的来龙去脉，需要知道化石遗址为何形成，以及当时遗址周边有哪些食物。罗宾逊需要古人类栖息地的细节，而他把这项任务交给一位出生于罗得西亚，名叫查尔斯·金伯林·布莱恩（Charles Kimberlin Brain）的年轻的地质学学生。从 1954 年起，布莱恩开始在两个古人类遗址上做地质学研究，其中一个遗址在布卢班克山谷，另一个在布卢班克山谷东北部约 150 英里的马卡潘斯盖。3 年后，他凭借这项研究取得博士学位，并很快发表了一篇论文，即《德兰士瓦猿人的洞穴沉积》（*The Transvaal Ape-Man-Bearing Cave Deposits*）。这篇论文从根本上改变了当时古人类学家看待我们祖先进化条件的方式。事实真的如达特所述吗？自恐龙统治地球以来，大草原的环境一直没有改变过吗？生活在不同地点的不同种类的古人类是否曾经居住在同一片栖息地？这些问题是解释南方古猿、傍人和早期人属牙齿差异的关键。

从何处开始着手研究？布莱恩在南非各地收集土壤样品，那时，南非的降雨量与今天有所不同。位于德拉肯斯山脉的格拉斯科普苍翠繁茂，年平均降雨量达 60 英寸；而位于纳米比亚沙漠边界的亚历山大湾，年平均降雨量不到 2 英寸。降雨差异产生不同的土壤条件。布莱恩采集的样品来自不同的栖息地，多雨环境的土壤中含有严重风化的砂粒，而干燥环境的土壤中有大量的石英碎屑。合乎逻辑的是，只要借助土壤类型的差异，就可以破译古人类化石的沉积岩层的岩石样品。

分析结果显示，斯泰克方丹和马卡潘斯盖的沉积岩形成于气候比较干燥的时期，斯瓦特科兰斯和克罗姆德拉伊的沉积岩形成于气候比较湿润的时期。由于在前两个地点发现的其他已灭绝动物更为原始，所以布莱恩推定，斯泰克方丹和马卡潘斯盖的沉积岩的形成时间要早于斯瓦特科兰斯和克罗姆德拉伊。随着时间的迁移，德兰士瓦省的环境似乎一直在发生变化。如此看来，大草原并非自恐龙时代以来就一直是开阔的草原，也没有发现任何古人类曾经共同生活过的栖息地。南方古猿似乎已经能够忍受相对干燥、类似稀树草原般的生活环境，而傍人和早期人属则生活在植物更为繁茂的年代。

这正是罗宾逊需要的细节。当时在卡拉哈里沙漠工作的地质学家也开始用更加广阔的视角来看待南非过去的环境。他们认为，在中新世的大部分时间里，气候环境湿润，森林遍布整个地区。但到了中新世晚期和上新世早期，随着卡拉哈里沙漠的形成，一切都发生了改变，红沙逐渐覆盖南非、纳米比亚和博茨瓦纳的大部分地区。森林退化了，这里的自然条件一直保持干燥，直到更新世早期，河流穿过沙漠渗入地表之下的灰岩。大体而言，这里的环境先由湿润变得干燥，然后再重新转为湿润。就这样，古地理环境的碎片逐渐拼凑成一个整体：斯泰克方丹和马卡潘斯盖的古人类化石沉积岩层在这一时段的中期形成，也就是环境干燥的时期；斯瓦特科兰斯和克罗姆德拉伊的沉积岩层则在随后的潮湿环境中形成。

在进化为现代人的过程里，牙齿、饮食和不断变化的世界究竟扮演着怎样的角色？罗宾逊开始逐渐把它们的故事构建出来。在达尔文提出进化论近一个世纪后，故事发生的顺序及大体的框架并没有发生太大变化，只是现在有了更多的细节。首先是南方古猿的祖先用两条腿行走的场景。过去人们认为，它们主动走出森林。不过根据目前的证据判断，更有可能是森林抛弃了它们。当它们开始直立行走时，双手便随之得到解放，得以携带和使用武器及其他工具，这使得在搏斗与进食的过程中，犬齿和门齿不再重要，所以导致其门齿缩小。但是，这些人类的早期祖先仍然是素食者，就像现在的猿类一样，只有在需要的时候，作为补充，它们才会像狒狒一样食用肉食。因此，并不是对肉食的渴望驱使它们离开森林。

接着是下一个场景。在开始研究这些遗址的地质情况后不久，布莱恩就在马卡潘斯盖发现了一些风化的鹅卵石，它们看上去像是被敲碎制成了工具。随后，他在布卢班克河谷周围的遗址仔细调查，结果不仅在斯泰克方丹找到数十种更有说服力的石制工具，还在斯瓦特科兰斯和克罗姆德拉伊找到另外几种工具。布莱恩认为这些工具是早期人属制造的，因为发现于斯泰克方丹的工具（还有马卡潘斯盖疑似工具的鹅卵石）来自地层的上层，位于南方古猿所在的沉积岩层之上。看样子，在斯瓦特科兰斯和克罗姆德拉伊的时代，我们的祖先已经从“骨头工具使用者”一跃成为“石制工具制造者”（图 3.3）。

罗宾逊认为，对工具的依赖最初由漫长的旱季和更干旱的条件引起。当我们的祖先面对一个更干燥贫瘠的家园时，肉食便变得越发重要。渐渐地，狩猎能否成功在很大程度上决定古人类能否继续生存，因而工具的使用变得愈加频繁，古人类的智慧也向着更加高级的方向进化。进一步的智慧将它们导向一种更像人类的生活方式：更精细的工具、更大的脑容量，以及更有效的狩猎方式。“实际上，经过南方古猿的进化阶段，古人类对环境的适应将不可避免地变得越来越好”。[①]因此，在从古人类过渡到早期人属时，它们的脑容量增大了，并从工具使用者转变为工具制造者。

但对罗宾逊而言，傍人是一个例外。它们属于另外的谱系，起源

①引用的话出自约翰·罗宾逊的文章《更新纪灵长动物的自适应扩张及人类的起源》（*Adaptive Radiation in the Australopithecines and the Origin of Man*）。——原书注

图 3.3　南非斯瓦特科兰斯的罗百氏傍人复原图
图片来源于弗雷德 · 格林（Fred Grine）。

于最早的古人类群落。傍人超大的颊齿和小小的门齿表明，它们从先祖继承而来的素食习惯从来都没有改变。这些生理习性与当时的自然环境十分匹配，因为在克罗姆德拉伊和斯瓦特科兰斯的时代，德兰士瓦省气候湿润，植被繁茂。傍人与早期人属生活在同一时间段内，说明古人类曾以不同的生活方式共存。

到了 20 世纪 60 年代，这个故事已经深入人心：在上新世到更新世期间，南非草原和沙漠的气候先从潮湿转为干燥，再从干燥变得潮湿。南方古猿逐步进化，越来越多地以肉类为食。由于上新世干燥的气候条件，它们以森林植物为主的饮食逐渐过渡为以动物蛋白质为主的饮食。另外两种古人类生活在较晚的更新世，在随之而来的湿润环境中，早期人属接过人类进化的火把，逐渐从工具使用者转变为制造者。至于傍人，尽管它们的祖先已经从树上爬下来，并开始使用工具，但它们仍是最原始的古人类的一支，坚持以植物为食。就这样，结合自身在史前动物栖息地中的工作，以及对牙齿大小的研究，罗宾逊让饮食和不断变化的世界进入万众关注的中心。

进化的动因

研究人员研究人类进化的方式，以及得到的成果正在发生变化。第二次世界大战已经过去，全球经济在增长。新的繁荣景象是科学的福音，就像“黄金时代”一样，新一代具有新思想、新方法的年轻研究人员进入专业领域。对于古人类学而言，这意味着识别和记录的过程，并使用所获得的知识来重建过去的一切，比如牙齿与饮食、环境及进化之间的关系。其中一个典型研究是布莱恩的研究：南非降雨量对土壤的影响。

在这个故事里，约翰·纳皮尔（John Napier）初次登场。他是一名伦敦的外科医生，对解剖学和博物学颇有激情，所以在伦敦大学医学院开设了一个灵长类动物研究机构。他以现存灵长类动物为模型，来研究古人类的化石，就像布莱恩用现在的土壤来研究布卢班克谷地的沉积岩层一样。研究机构里一派生气勃勃的景象，令人振奋不已。在师从于纳皮尔的研究生中，有许多人陆续成为学术界的超级巨星，推动着学科向前发展。

纳皮尔和他的学生科林·格罗夫斯（Colin Groves）重新审视了罗宾逊的观点，即早期古人类的牙齿差异意味着不同饮食的观点。但他们的方法主要是研究现存的猿类，测量它们牙齿的大小并寻找与其解剖学匹配的行为模式。红毛猩猩的门齿大、臼齿小，便于剥去果皮，将果肉研磨成浆；大猩猩的门齿小、臼齿大，便于研磨粗糙的纤维物。

南方古猿和早期直立人的牙齿差异与红毛猩猩和大猩猩之间的差异大致相同。傍人的门齿相对于后牙较小，这表明它们更多食用坚韧的纤维食物。这些研究结果与罗宾逊的结论别无二致，大体上确认了他的想法。只不过，纳皮尔和格罗夫斯没有解释这些差异的细节。

纳皮尔的另一位学生克利夫·乔利（Cliff Jolly）完善了其中的细节。乔利的研究方向是狮尾狒和狒狒化石，当时，他刚刚完成毕业论文。与古人类化石一样，这两种动物的化石发现于同一组沉积岩层中。如今的狒狒（特别是狮尾狒）生存于旷野之中，是一类体型较大的猴子。但在以前，狒狒的体型比现在还要大上许多，非常适应地面上的生活。和它的后代一样，化石狮尾狒的拇指相对于其他狒狒手指较长，门齿较小，臼齿较大，并且咀嚼肌发达。想到这里，乔利突然灵光一闪，意识到这些特征与使用工具和狩猎相关，与古人类有些类似。如今，狮尾狒用手和牙齿吃小而坚硬的种子，所以，即便不使用工具，也不狩猎生物，大型灵长类动物也可以在地面上生存。此外，不久前珍妮·古道尔（Jane Goodall）指出：在贡贝州的森林里，黑猩猩会狩猎和制作工具，它们的牙齿和手也和人类非常不同。生活在地面上的大型灵长类动物不需要工具就可以谋生，所以工具并不是引发古人类进化的必要条件，一定还有别的动因。乔利认为，答案是环境的变化。

1970 年，乔利发表了他的种食者假说。虽然该假说以罗宾逊的观点为基础，认为傍人门齿小、臼齿大，以坚韧的植物为食，但是他质疑罗宾逊认为古人类的手因为使用工具而进化的观点。他认为，像狒狒一样以小而坚硬的种子为食的动物，它们的手也会进化。乔利的看法是，从水果到谷物的饮食转变可能在气候湿润时就已经开始，当人类的踪迹进一步扩散，抵达更广阔的河漫滩和大草原时，这种趋势也随之推进。这可能也使古人类发生了解剖学意义上的变化，使它们的身体结构适应肉类和使用工具。或许，即便是轻微的环境变化，也足以推动进化的发生。乔利沉思：“或许，在热带的某个边缘区域，季节性体现得更加明显，这样的环境鼓励古人类以肉类作为额外的主食，而非偶尔吃的零食。”和前辈罗宾逊及达特一样，基于动物骨骼、牙齿和犄角制成的工具的发现，乔利认定伴随着脑容量的扩大，直立行走的改善，南方古猿已经完成了从植食到肉食的飞跃。他认为，早期人属已经在这条进化的道路上行进了很远。

种食者假说建立在传统智慧的基础上。当时普遍的观点是，遗址内发现的动物化石是古人类不愿食用的部分；与南方古猿相比，傍人更为原始；在上新世到更新世期间，古人类的栖息地在湿润到干燥和干燥到湿润中来回波动。但当乔利建立自己的模型时，这些想法已经有些不合时宜。发现于东非的古人类化石引领着一波新发现、新技术和新思考方式的热潮。自布鲁姆、罗宾逊在布卢班克山谷遗址开展研究以来，南非因为种族隔离而越发孤立，北方的化石吸引了更多研究人员，他们从世界各地汇聚一堂，加入搜寻化石的行动。古人类学家的研究方式开始改变，随之而来的，是变化中的世界如何促进人类发展的新见解。

新的舞台

一切始于玛丽·利基（Mary Leakey）的发现。1959 年，利基在奥杜瓦伊峡谷发现一个傍人的头骨，那里是东非大裂谷穿过坦桑尼亚的地方。玛丽的丈夫路易斯·利基（Louis Leakey）首先将它命名为东非人（*Zinjanthropus*），“Zinj”正是中世纪阿拉伯地理学家对东非的称呼。对于路易斯而言，这项发现表明南非不再是唯一的人类起源的地方。几年之后，人们又在同一组沉积地层中发现早期人属。这是一个巨大的发现，因为奥杜瓦伊峡谷在距离马卡潘斯盖东北向 1500 英里远的地方。东非也是古人类起源的舞台，有多少新的化石遗址等待发掘？

一场古生物学界的“淘金热”随之而至，到 20 世纪 70 年代中期，从坦桑尼亚到肯尼亚，再到埃塞俄比亚，又有好几个遗址被发现，将古人类的覆盖范围向北延伸了 1000 英里。虽然在东非发现的古人类都是新物种，但仍然可以分为三种类型：南方古猿、傍人、早期人属。它们在化石记录中的时间顺序也与先前的一致：南方古猿最早，然后是傍人和早期人属。与南非一样，在东非的古人类化石遗址里，人们也只在更新世的沉积地层里发现工具，不出所料的话，这些工具是后两种古人类制造的。

但是，在东非发现的古人类与在南非发现的古人类之间有一个重大区别：东非古人类所在的沉积地层的实际年代更加准确。这是由于有了新方法，地质学家可以通过火山灰确定沉积地层的年龄。在此之前，没有人确切知道古人类或其他化石物种生活在哪一段具体的时间。在雷蒙德·达特和罗伯特·布鲁姆的年代，对于同一个遗址，地质学家也许能粗略判断地层形成的先后顺序。对于不同地点的沉积地层，含有相似的化石意味着地层的形成年代相近。但除此之外，其他的一切都是猜想。地层的形成需要多长时间？当时，大多数古生物学家猜测，更新世大概开始于 50 万～ 60 万年前。确切的时间有助于我们确定古生物化石在地层中的确切位置，可以让我们真实感受到在这个星球上，人类存活时间的久远。我们不仅能借此了解南方古猿、傍人和早期人属存在的时间，以及它们之间间隔的时间距离，而且还能借此厘清与它们身体功能相关的解剖学变化的时间，并将这种变化与气候变化的化石证据相匹配。

1957 年，加州大学的地质学家杰克·埃文登（Jack Evernden）首先访问利基位于奥杜瓦伊峡谷的营地，并采集到测年用的岩石样本。在上新世到更新世之间，东非存在大量的活火山，火山活动使得今日的奥杜瓦伊峡谷里有许多由火山灰沉积而成的凝灰岩。事实上，奥杜瓦伊峡谷及东非其他地方的化石遗址与南非的灰岩采石场完全不同。在奥杜瓦伊峡谷，沉积地层由松软沉积物和骨骼化石形成，就像一条编织的毯子，在由火山岩组成的坚硬基岩上层层堆叠起来。峡谷的地层里有四个主要的化石地层，这四个地层彼此之间被火山凝灰岩岩层隔开，就像是蛋糕里隔开蛋糕坯的奶油。峡谷里有两条主要的沟谷，每条大约有 300 英尺深。沟谷恰好切开了这些地层，使得在好几英里的距离上，沉积物被揭露于地表。我们以后还会谈到更多的关于奥杜瓦伊峡谷的细节。

在峡谷的底部附近，埃文登采集到第一个凝灰岩样本。据他粗略估计，岩石形成于 175 万年前。但是在接下来的几年里，由于奥杜瓦伊峡谷里一直没有发现古人类化石，所以测年工作并没有获得太多注意。直到傍人被发现后，埃文登的同事佳尼斯·柯蒂斯（Garniss Curtis）才再次来到遗址，收集更多的岩样。他再次确认，岩石的确形成于 175 万年前。这个发现改变了整个研究格局，傍人生存的年代比大多数人想象的更久远。在此之前，与事实最接近的猜测是奥杜瓦伊峡谷的古人类生活在距今大约 50 万年前。这个发现一下子让人类的进化时间向前跨越了将近四倍！由此，人类进化的历程，一个物种进化为另一个物种的序列，以及触发进化的环境变化都在人们的视线中逐渐变得清晰起来。

发现于奥杜瓦伊峡谷的傍人还同时引出一个新的观点，这个观点影响了人们对南方古猿、傍人及早期人属之间的关系的认知。在金山大学，路易斯·利基见到达特的学生兼学术继任人菲利普·托拜厄斯。他向托拜厄斯描述并分析妻子玛丽在 1959 年发现的头骨。经过多年的精心分析，以及与南非发现的古人类化石进行比对，托拜厄斯就此标本写了一部长篇专著。他得出结论，正如罗宾逊的设想，傍人并不是比南方古猿更为原始的物种，也不是这个想象世系中最后一个苟延残喘的物种。实际上，傍人较小的犬齿、巨大的颊齿及与咀嚼系统相关的特征是高度特化的。与之相反，有关南方古猿的大脑尺寸、较小的臼齿及较大的犬齿的重新分析证明，早期的古人类实际上更为原始。托拜厄斯认为，与非洲南方古猿相比，早期人属和傍人的祖先“几乎没有实质性的分别”。

大约在同一时间，越来越多的古人类活动遗址在东非被发现。20 世纪 60 年代末到 70 年代中期，一只由法国人、肯尼亚人和美国人组成的大型科考队，在埃塞俄比亚南部的奥莫河谷下游开展大规模的考察研究。科考队发掘出大约 5 万件化石，其中 200 多件是古人类标本。大多数化石来自商古拉组[①]。地质学家努力拼凑出该地层的形成年代，最后根据形成时间将其划分为 25 层[②]，时间跨度在距今 360 万～105 万年。确定奥莫河谷的含化石地层的时间是一项艰巨的任务，但最终，这项工作加深了研究人员对该地区，以及南非和其他地方古人类化石的理解。

回首南方

而在同一时间，南非没有可以用于测年的火山凝灰岩。不过那里有大量的动物化石，并且古生物学家有可以大概确定各个物种的进化顺序的方法。20 世纪 50 年代，在南非以及世界其他地区，研究人员根据化石，比对了各种各样的遗址中的沉积地层。古人类化石似乎都来自早更新世，其中大部分发现于斯泰克方丹和马卡潘斯盖的古人类化石的年代，要早于斯瓦特科兰斯和克罗姆德拉伊的古人类化石。在奥

①原文为 Shungura Formation，是一组形成于上新世到晚更新世的沉积地层。

②这里指地质学的岩石地层单位，是将岩层按地层层序，统一的规则划分、定义并正式命名的群、组、段、层。层是最小的岩石地层单位，指岩性、成分、生物组合等具有明显特征，显著区别于相邻岩层的单层或复层。

杜瓦伊峡谷发现傍人后不久，研究人员便开始将其与斯瓦特科兰斯和克罗姆德拉伊的其他动物化石作比对，结果显示，它们的匹配度良好。现在，研究人员开始获得成果。通过寻找相同种类的动物化石，他们可以利用东非遗址的测年结果，来探知南非遗址里早期古人类的生活年代。

巴兹尔·库克（Basil Cooke）接下这项任务。他是一位南非本土的地质学家，当时在加拿大新斯科舍省哈利法克斯市的达尔豪斯大学任职。30 年前，库克曾在斯泰克方丹工作。那时，他是金山大学的一位职员，对古人类沉积层有比较深入的了解。他从奥莫科考队发现的猪化石着手研究，将物种与那些被奇迹般测明年代的地层一一匹配。库克发现，随着时间的推移，猪的第三臼齿越来越长。准确来说，牙齿长度和时间的联系异常紧密，他可以通过测量猪的臼齿化石或者大象的后牙，来合理地估计南非古人类沉积层的年代。普林斯顿大学的文森特·马格利奥（Vincent Maglio）发现，随着进化的推进，猪与象的齿冠越来越高，牙槽嵴越来越多。有关这两种动物化石的研究表明：在斯泰克方丹和马卡潘斯盖，含有古人类化石的沉积层实际上属于晚上新世，大约形成于距今 300 万～250 万年前；在斯瓦特科兰斯和克罗姆德拉伊，含有古人类化石的沉积层属于早更新世，大约形成于 200 万年前，或者更晚一点。

到 20 世纪 70 年代中期，在距离奥杜瓦伊峡谷 20 英里远的拉多里（也就是距离埃塞俄比亚的阿法尔三角地以北 1000 英里远的一个地方），出土了一具被命名为“露西”的南方古猿，即阿法南方古猿。拉多里的古人类化石形成于距今 380 万～360 万年前，虽然和拉多里的古人类化石相比，阿法尔地区的古人类化石要更加年轻一些，但是也形成于距今 300 万年前。因此，不仅菲利普·托拜厄斯的化石研究表明，南方古猿可以进化成为傍人和人属，而且测年结果也证明时间上很充裕，足够完成这一进化过程。

随着更多的年轻科学家进入研究领域，解释化石的新思想和新方法也开始浮现。对于最初发现的古人类化石遗址中的动物骨骼和牙齿化石，一些人开始质疑达特的解释。它们真的是古人类的食物残留吗？还是说它们和古人类化石一样，只是食肉动物或食腐动物（比如大型猫科动物或鬣狗）丢弃不要的食物？南方古猿真的是狩猎者吗？是否他们也可能是被狩猎的对象？随着与罗宾逊交恶，布莱恩在 1961 年离开南非，回到祖国罗德西亚（即如今的津巴布韦）担任国家博物馆的副馆长。但是，南方古猿的狩猎者问题又吸引他回到南非。4 年之后，罗宾逊离开南非，前往威斯康星大学任职后不久，布莱恩紧接着便回到南非，填补前导师离开后在德兰士瓦博物馆留下的空缺。

布莱恩提出的用于解决"猎人或猎物"问题的理论，后来为埋藏学奠定了基础。埋藏学是一门研究生物体从死亡到形成化石的全部历史过程的学问（即研究生物在死亡后到被发掘，或墓穴被破开后，这一段时期内发生的事情）。他系统剖析了达特的主要观点，比如对南非遗址里古人类化石的形成过程的解释，南方古猿是狩猎者的论断，以及狩猎在古人类进化中的作用的认识。首先，他重建了化石沉积时，斯瓦特科兰斯周围的环境。遗址中的骨骼化石保存在地下岩洞中，人们通过宽约 5 英尺、长约 50 英尺的竖井将其与地面连通。古人类不可能在如此黑暗的深处生活或进食，所以，这些骨骼化石可能是被搬运，或者是被雨水冲刷而沉积在这样深的地方。结合种种侵蚀痕迹、骨骼的类型及断裂模式来看，这些古人类和动物实际上大多数是死于豹子、鬣狗或剑齿虎的不幸受害者。古人类和遗址内的其他被捕食者一样，是食肉动物的猎物。人类活动确实对这种积累有促进作用，比如在较新的地层中发现的石制工具，但是在上新世到更新世期间，洞穴沉积层肯定不是南方古猿和早期人属的猎场或餐厅。

牛科动物的启示

到 20 世纪 70 年代中期，研究人员开始质疑许多长久以来坚持的基本理念。例如，在斯泰克方丹到斯瓦特科兰斯期间，布卢班克山谷是否真的变得更加湿润和繁茂？如果乔利的种食者假说正确无误，那么气候变化绝不可能是这个样子。如今，狮尾狒生活在干燥的山地草甸上，大部分地方没有树木。傍人是否真的会在森林开始蔓延时演变出类似狮尾狒的饮食？如果草原实际上变得愈发葱郁，那么早期人属还会出现成为狩猎者吗？从高中老师成为羚羊化石专家的伊丽莎白·弗尔巴（Elisabeth Vrba）并不这样认为。

20 世纪 60 年代初，弗尔巴在开普敦学习动物学和数理统计。像 20 年前的约翰·罗宾逊一样，她也希望自己能够成为海洋生物学家。但由于财务上的困难，她离开开普敦，到比勒陀利亚的高中教学。在比勒陀利亚，弗尔巴对古生物学产生了浓厚的兴趣，为了一个为期一年研究化石的机会，她前往德兰士瓦博物馆，拜访鲍勃·布莱恩（Bob Brain）。起初，布莱恩只让弗尔巴做助理。这份工作没有报酬，主要职责是准备和整理从布卢班克山谷遗址运来的庞杂的化石收藏，其中包括牛科动物的化石，如羚羊和其他与它亲缘相近的动物。从包裹骨骼的角砾岩中清理出骨头和牙齿是个耗时且乏味的任务，但正是这份平淡的工作让弗尔巴走上了一条学术研究的康庄大道。在这条道路上，她解释环境如何推动进化的想法极具创新性和影响力。

弗尔巴是研究哺乳动物的最佳人选。首先，对牛科动物的分类相对容易，我们只要随便读一本旅行指南，就可以通过犄角认出羚羊。羚羊头骨上固定犄角的骨轴也很独特，古生物学家可以通过它轻松识别并区分不同的羚羊。羚羊的种类很多，无论在布卢班克山谷还是非洲其他地区，牛科动物都是古人类化石遗址中最常见的大型哺乳动物。

所以，就像库克的猪和马格里奥的大象一样，牛科动物也可以用来进一步精确南非古人类的活动年代。与猪和大象不同的是，今天的非洲生活着大约 75 种牛科动物。牛科动物的重要性在于它们的生活地点。它们中的一部分在开放环境中以草为食，另一部分则在繁茂葱郁的森林栖息地里以树木和灌木为食。弗尔巴可以借助和古人类处在同一沉积层中的牛科动物化石，来了解它们共有的生活环境。

一开始，弗尔巴假设，过去的牛科动物的生活环境和食物与今天它们的后代并无二致，比如几十种牛羚、瞪羚及其近亲，它们中的大多数生活在开阔草原上。弗尔巴发现，相对于其他类型的动物，牛科动物的数量比例与环境中的草树比例紧密相关。如今，以草为食的瞪羚和牛羚在非洲热带草原上占据主导地位，也就是说，它们在化石遗址的数量比例可以说明过去栖息地的环境。这是弗尔巴 1974 年的博士论文的基础，也是自此之后，她的大部分工作的基础。

是时候测试一下理论与实践的匹配程度了。如果布莱恩对古土壤的研究是正确的，那么南方古猿的居住地应该比傍人和早期人属的居住地更加干燥，因此，在斯泰克方丹和马卡潘斯盖的早期沉积地层中，瞪羚和牛羚的化石数量应该比斯瓦特科兰斯或克罗姆德拉伊的更多。但事实恰恰与此相反，弗尔巴发现，与南方古猿处在同一沉积地层中的都是适应森林或灌木条件的羚羊，而与傍人和人属沉积在一起的反而是适应草原气候的羚羊。如此看来，除了恰好把细节弄反了之外，布莱恩对气候变化的推测似乎没有任何问题！但是为什么会这样呢？因为布莱恩假定，土壤形成后，会在风的搬运作用下落入洞穴，所以洞穴沉积物可以反映沉积时的气候。但实际上，风力作用搬运的一般都是土壤表面被侵蚀和剥露的尘土，而这些尘土都是很久以前形成的。卡拉哈里沙漠的土壤表层已经受到严重侵蚀，将早期在湿润气候条件下形成的土壤剥露于表层。因此，风力作用实际上是把更古老的沉积物搬运到了斯瓦特科兰斯和克罗姆德拉伊。这就是为什么那里的土壤样看起来是湿润气候的产物的原因。

弗尔巴对南非牛科动物的研究反向证明，随着时间的推移，气候变得愈加干燥，而非布莱恩依据岩样推断的反复波动。在上新世到更新世期间，东非地区的气候似乎变得越来越干燥。还记得这个模型吗？随着时间的推移，猪的臼齿越来越长，大象的齿冠越来越高。这些牙齿特征与日益扩大的草原景观和既耐磨又粗糙的草食更加匹配。无论是对于饮食和狒狒相近的傍人，还是越发依靠狩猎的早期人属，这种气候变化的理论更能合理解释古人类的饮食变化。弗尔巴用一种绝佳的方式将环境、饮食和古人类进化结合到一起。我们能够从饮食变化中看到，在更新世开始时，热带草原的扩大似乎推动了这两种古人类的起源与进化。

生物的三种选择

此后10年，弗尔巴一直在德兰士瓦博物馆研究牛科动物化石，并得到晋升。在研究中，她有了更多有利于认识人类进化的发现。羚羊和古人类一样，都是体型较大的植食性哺乳动物，都生活在非洲的稀树草原和森林里。不过，羚羊比古人类更常见，种类也更加丰富。我们可以从牛科动物中学到关于进化的知识，并将其应用于古人类的研究中。

但是，研究人员并没有花费太大精力来通过动物化石了解人类进化的过程。许多人认为化石记录不完整，无法得到更多细节，这种印象直到20世纪70年代才发生改变。当时，美国自然历史博物馆的尼尔斯·埃尔德里奇（Niles Eldridge）和哈佛大学的史蒂芬·杰伊·古尔德（Stephen Jay Gould）发表观点，认为在某些情况下，化石记录足够完整，可以用来研究进化的发展速度。在他们看来，许多物种似乎是突然出现，然后以不变的状态繁衍一段时间，最后再如出现时一样迅速消失。这是自然界中真实存在的模式，还是因化石记录不完美而导致的人为错误？换句话说，进化究竟是间歇性地发生，在所谓的间断平衡[①]时爆发性涌现，还是像达尔文最初提出的那样，在争取资源和努力生存的过程中逐渐而持续地发生？埃尔德里奇和古尔德的想法在当时影响巨大，一时间，每个人都在谈论他们。

我受到的教育告诉我：当基因突变产生新的有利基因时，物种就会发生变化，并逐渐繁殖，淘汰没有变化的个体。这就是达尔文的**适者生存**。但是，一个或几个个体中的突变基因传播给成千上万的后代，这种事情发生的可能性到底有多大？埃尔德里奇和古尔德推断，即使是有益的基因突变，也可能被其他基因变体所淹没，物种凭借个体很难发生进化。他们认为，进化应该发生在物种分布的外围，那里的基因混合较少，群体数量不多，环境更为边缘。边缘群体更容易和主要的群体产生隔离，发展出新的物种。如果事实真如埃尔德里奇和古尔德的推断——进化在边缘的小群体中发生，那么我们经常找不到物种之间的过渡类型也就不足为奇。毫无疑问，化石记录中确实充满仿佛骤然出现的物种，它们会维持这个状态一段时间，然后消失。

尽管埃尔德里奇和古尔德做了许多努力来阐述进化发生的方式，但他们还是没有花费太多时间去探求原因。是什么原因导致新物种出现又消失？而这正是弗尔巴接下来要解决的大问题。她认为，如果埃尔德里奇和古尔德的推论正确，那么时间也绝非触发进化的单一因素，肯定还有一些其他条件。对牛科动物骨骼和牙齿的多年研究使弗尔巴意识到，环境变化是进化的契机。1980 年，她写道，“环境是进化变

①是一个进化生物学理论。此理论认为行有性生殖的物种可在某一段时间中，经历相对传统观念而言较为快速的物种形成过程，之后又经历一段长时间无太大变化的时期。由美国古生物学家尼尔斯・埃尔德里奇和哈佛大学的史蒂芬・杰伊・古尔德提出。

异的动力”。支持她观点的第一条线索是那些数量较少的广生性生物[①]。对树叶和灌木叶一视同仁的羚羊的种类比偏爱某种食物的羚羊少，而且后者在数量上也表现得更成功。但事实真的如此吗？这取决于我们看待问题的方式。

广生性生物可以在任何环境下生存和繁荣，而特化物种[②]往往难以适应栖息地的改变。以南非和东非的草原扩散为例，随着区域范围内的干燥，热带稀树草原将会扩大，在树木繁茂的“岛屿”间营造出片片将林地分隔开的草地。广生性生物可以经受气候变迁，然后继续成长，甚至愈发地广泛分布。它们可以在任一时间、任何可能的地点食用自然的馈赠。特化物种则比较挑剔，它们会分散成较小的种群，彼此隔离在能为它们提供爱吃的食物的地方。这让我想起我参加过的大型科学会议。在这些会议上，数千人聚集在同一个地方，一些人对吃的东西不太在意，会因为不愿等待中心里的空位而开车到外面的餐馆吃饭。到了后来，由于会议结束后大家都聚集在会议酒店的酒吧里，离开的人越来越少，开车出门的距离也越来越短，即便出去，他们也只是去距离酒吧比较近的餐馆，随便吃些东西而已。不过还是有些人喜欢特定口味的食物，他们去哪里主要取决于食物，比如埃塞俄比亚菜、印度菜、烧烤，或是其他什么东西。

当环境变化导致斑块出现，特化物种会分离成一个个小群体，为进化做好准备，而广生性生物则继续繁衍扩散。弗尔巴认为，这就是为什么如今非洲有几十种特化物种（如瞪羚和牛羚），而只有寥寥数种广生性生物的原因。她发现了让埃尔德里奇和古尔德的进化模式运转的真正原因。作为类比，弗尔巴用印度教的三相神来解释其背后的根源：毗湿奴主掌“维护”，如果没有迁移障碍，物种便可以在运动中找到需

①指对环境条件（如温度、光、湿度、盐分、食物等）适应幅度较大的生物（动、植物）。
②指适应于某一独特的生活环境、形成局部器官过于发达的一种特异适应的生物，是分化式进化的特殊情况。

要的食物，而不改变其食性；湿婆象征“毁灭”，分裂的种群可能会不断缩小，甚至灭亡；梵天主管“创造”，物种可以进化，以应对自然新设的挑战。也就是说，不能适应环境的剧烈转变的生物只有三种选择：迁徙、死亡或改变。

物种的更替

弗尔巴还意识到，如果环境变化剧烈，足以导致牛科动物的迁移、灭绝或进化，那么同时，其他动物也会做出相同的反应，会有同步爆发或剧变的情形发生。也许，这可以用来解释在更新世，斯泰克方丹和斯瓦特科兰斯的牛科动物和古人类为何发生转变。在这一时期，不仅出现了更多适应干燥环境的牛科动物，而且傍人和早期人属也已经出现。埃尔德里奇和古尔德的间断平衡进化理论盛行当时，弗尔巴将该理论和人类进化联系起来，提出了环境变化导致团体范围的物种更替的观点。1982 年，在尼斯举行的一次会议上，弗尔巴宣布了她的更替频率假说（Turnover-pulse Hypothesis）。两年后，当我在纽约参加古人类研讨会时，人们仍然对此议论纷纷。它不仅是一个直观且符合逻辑的假说，而且还经得起测试。因此，这个假说引起研究人员的兴趣，大家都有志于寻找其他物种的更替，研究导致进化发生的环境触发点。

这个假说还可以解释其他的更替事件。弗尔巴认为，如果环境变化触发人属和傍人的起源，那么在其他时段里，这种变化也必将引发人类进化中的其他事件。在中新世到上新世期间，几种新的牛科动物逐渐进化成型，大概在同一时间内，人类和黑猩猩也开始分化隔离。在 100 万年前，在另外一种羚羊进化的过程中，其时傍人大约已经灭绝，而直立人已经迁徙到亚洲。

随想：环境触发的改变

在进化的过程中，环境扮演了重要的作用。这个想法并不新奇，自达特起就已经有人意识到，在中非森林和南非大草原之间，那片开阔的平原为早期古人类带来挑战和机遇，最终导致其进化为人类。回首罗宾逊利用古人类牙齿化石了解物种饮食差异的方法，布莱恩将饮食差异与栖息地环境变化相结合，以及乔利对现存狒狒的类比研究，他们的研究都说明，作为人类进化的触发因素，环境自有其重要性。最后，随着南非和东非大裂谷中新化石的出土，精确的沉积物测年法的使用，环境变化在人类进化中的作用愈发引人注目，最终引导弗尔巴提出更替频率假说。

对于人类起源的研究，弗尔巴的工作开启了一个全新的方向，即寻找证据，将人类进化中发生的特定事件与大规模的气候变化联系在一起。研究人员开始将目光转向西南极冰盖①的出现和更新世开始时北半球的冰河时代。一个重要的新研究领域，古气候学便这样应运而生。一场完美的风暴正在酝酿，一切都将变得有趣起来。

①西南极冰盖是南极洲的两座冰盖之一，体积是2540万立方公里，横贯南极山脉把该冰盖与东南极冰盖分隔。

第 4 章　变化的世界

撒哈拉沙漠横跨南非，一直从大西洋延伸到红海，绵延长达 3000 英里。这是地球上最炎热干燥的地方，不仅地表温度超过 130 华氏度[①]，年平均降雨量不足 3 英寸，而且还有强烈到几乎令人窒息的大风，将漫漫黄沙卷得处处都是。生存在沙漠里的动植物必须既健壮又耐旱。虽然撒哈拉的面积和美国国土面积相当，但生活在这片土地上的人口却不足美国的十分之一。不过，古人类留下的岩画上描绘的却是另一番图景，说明撒哈拉沙漠并非一直是生存条件恶劣且令人生畏的地方。数千个洞穴的石墙上绘满水牛、犀牛、羚羊、大象、河马，以及许许多多其他种类的动物，裸露的岩石上也有很多动物雕刻。在 5000 年前，撒哈拉沙漠植被葱郁、湖泊丰沛，处处都有动物的踪影。也许未来撒哈拉沙漠会重新成为一个绿意盎然的世界，迟早有一天，这样的改变会开始显现。

对于任何试图了解世界变化如何塑造人类的人来说，这无疑是一记警钟。我们要知道，当时间尺度以数百万年计时，栖息地的大规模

① 1 华氏度约等于零下 17 摄氏度。

变动就像是发生在分秒之间。在类似撒哈拉沙漠的地方，这些变化可能表现得相当极端，但在其他地方却看不到什么明显的差异。虽然整体情况相当明了，我们的确是在不断变化的环境中进化，环境改变是进化的引子，但与之相关的细节往往十分复杂。

当我还在读研究生时，一切似乎都很简单。当时学界的理论假设十分简练：过去几百万年来，一系列剧变令气候变得寒冷干燥，这个趋势在整个星球上蔓延，一波接一波汹涌而来，就像涨潮时拍打海岸线的海浪；每次改变都将非洲的原始森林和生活在其间的倒霉生物一扫而空；这些改变慢慢使得一个个稀树大草原形成，在这些巨大变动中幸存下来的生物也发生着变化，渐渐适应草原环境，而人类祖先就是幸存物种的其中之一。总体而言，当时人们认为，自中新世以来，地球的温度和湿度一直呈阶梯式下降，气候变得越来越寒冷，也越来越干燥。每一次变化都是人类进化道路上的重要里程碑：先是与黑猩猩隔离，再到变成人属最早的成员，最后成为直立人走出非洲。研究人员留心观察冰川的移动、寒冷的干草原在欧亚大陆的不断扩大，以及南极冰盖的发展，它们都是气候的全球性变化及其长期发展趋势的证据。

一幅宏大的图像浮现在我们面前，解决问题的方法也初显端倪。撒哈拉和全球变暖的现象不禁让我们设想，是否能找到足够多的细节，将环境变化和人类进化相结合？虽然地球的平均气温在上升，许多地方气候变暖，但实际上，有些地方却变得越来越寒冷。一些地方很潮湿，另一些地方却很干燥。许多地方天气多变，或者出现各种极端天气。虽然气候变化有其全球层面的模式，但局部地方的变化效应却很复杂。由于地表在不断地自我重塑，侵蚀、风化、沉积和火山爆发都会改变地表的地貌特征，所以在人类进化的时间尺度上，这种变化更是如此。大陆板块和大洋板块在漂移，使得山脉和山谷在陆地和海洋中形成。这些因素可以改变大气循环和水循环，从而对局部气候产生巨大影响。

幸运的是，古气候学家已经发展出一些令人惊奇的新方法，来记录过去全球气候波动，以及局部和区域的环境变化。研究古气候变化需要世界各地的研究团队辛劳工作，让更多细节呈现在世人眼前。而且，这些研究也正在转变我们对人类进化的思考方式。

本章将介绍一些关键人物，记录他们通过研究地球历史，为构建气候和环境变化而建立的记录及归档（古气候学家的用语）。一些人测量了数百万年的气候变化，一些人则测量了千年、百年或数十年的气候变化；一些人考量的是大陆板块上的整体变化模式，一些人则集中研究个别湖泊、河谷或化石遗址。虽然不同的时空尺度展示出不同的画面，但都有助于我们研究古人类的生活习性、可选择的食物，以及二者如何影响它们的进化历程。

随着我们的了解增多，地球系统似乎变得愈加复杂。由于日地在引力作用下如舞蹈般精妙地运动，全球平均气温和降水量浮动不定。气候影响环境的方式随局部条件而异，随着板块漂移和地球自身的重塑，它们本身也在发生变化。当我们把这些知识与化石记录结合在一起时，变化的世界造就人类的结论也就无从辩驳。但这一切是怎么发生的？整理古气候资料仅仅是开始解决这个问题的方法，我们还需要进一步处理这个问题。然而确定无疑的是，气候变化与人类进化之间的关系比原先设想的更为复杂，现在，让我们来一窥其幽。

日地之舞

“唯一不变的，只有改变本身。”正如2500年前以弗所[①]的哲学家赫拉克利特所言，地球自45亿年前形成以来，气候变化从未中断。即

① 以弗所是吕底亚古城和小亚细亚西岸希腊的重要城邦。位于爱琴海岸附近巴因德尔河口处。赫拉克利特是一位古希腊哲学家，哲学思想以毕达哥拉斯的学说为基础，代表作品为《论自然》。

便在 75 亿年后，太阳质量变大吞没地球时，气候变化也不会停歇。气候变化就发生在我们周围：海平面和地表的平均温度上升，冰盖融化；极端天气变得越来越严重，突然的强降雨越来越频繁，甚至降雨总量较低的地方也同样如此。很少会有科学家怀疑这是人类的错误：人类将二氧化碳和其他污染物排向大气，它们遮蔽我们的星球，使太阳热能难以扩散。但是气候条件的自然改变，它们又是如何运作的？自然的大部分影响体现在轨道动力学上，气候条件的自然改变与地轴倾斜，以及日地距离的周期性变化有关。非洲的季风气候是一个很好的例子，能够说明太阳和地球的关系如何影响我们的世界。

非洲季风

非洲季风可不仅仅是异国热带雨林和沙漠中的暴雨，它们是季节性的天气变化。产生季风的原理非常简单，无非是土壤升降温的速率高于水而已。当热空气上升时，会产生一个低气压区；当冷空气下降时，会产生一个高气压区，一切合情合理。温暖的月份里，在撒哈拉以南的非洲地区，气压要比邻近的东大西洋和西印度洋低。气流会从高压向低压流动，因此水分丰富的海风便会吹向内陆，低气压上升时，便会形成降水。在一年中的寒冷时期，这一模式恰好相反，干燥环境使得地表的植被稀薄，土壤暴露在外，被风力侵蚀。随着海上低气压的形成，风从陆地吹向海面，每年从非洲向海洋倾泻 10 亿吨尘土。

在某些地方，季风带来的效果是戏剧性的，可能体现为暴雨和沙尘暴。在雨季，河水奔流，季节性湖泊水量丰沛，热带草原上草色青葱，一派生机盎然的景象。但是到了旱季，热带草原可能就会变成一个死气沉沉的干旱平原。那些能够离开的生物，都追随雨水去往更加繁茂的地方。太阳在天空中的高度，水陆冷热变化的速度，二者关乎生死。

在另一些地方，季风带来的变化却非常细微，对生物的影响不过尔尔。我曾在第 2 章中提到，在白河口，大猩猩食用的水果存在季节性的短缺，而在克坦贝，生物圈的自助餐为猿类和猴子提供的选择不断变化。白河口和克坦贝位于赤道以北，12 月到 2 月是旱季，此时的太阳辐射最强烈。在这两个地方，气候模式、植物生命周期、食物供应及饮食之间的联系十分明确。我们由摄食生态学可知，正是牙齿和消化系统的适应性，以及具体时间和具体地点下的食物可用性，共同决定灵长类动物在大群落中扮演的角色。

太阳驱动着季风风向的转变，以及由此造成的降雨或降尘。当太阳高悬天际时，温度失衡往往导致陆面上空的降雨；而当太阳隐没时，干燥的气候条件就占了上风。这与地轴倾斜有关,以手电筒的光做解释，太阳照射地球，就像用电筒在晚上照向墙壁。如果光束垂直照向墙面，光线就会集中在一个小圆圈里；但如果光束倾斜照向墙壁，光束就会拉长，扩散到更大的表面上（这意味着，墙上任意给定区域内的光照被削弱了）。想象一下，让强度相同的光束照在曲面上（比如篮球的表面），最靠近光源的点是灯光最集中的地方，越向外，光线就越涣散。

地球的运转方式同样如此。赤道的太阳直射强于两极，吸收的太阳能更多，导致地区间热量不均。而且比起深色海洋和热带植被，极地冰雪的反射性更强，将更多的太阳辐射反射回太空，进一步加剧了这种不均衡。我们可以将气候视为地球对这种不均衡做出的反应，试图通过大气和洋流在全球各地重新分配热量，让系统取得平衡。季节是怎么产生的呢？地球围绕太阳转动，地轴与黄道面的夹角为 23.5°，其北端差不多直指北极星。因为地球在轨道上移动的幅度不会太大，所以地轴北端先是倾斜着靠近太阳，然后远离，再在一年之中重新回到靠近太阳的地方。从冬至到夏至，北半球接受的阳光直射更多，温度升高，白昼变长。当地球在轨道上环绕过半，北半球倾斜的方向就变成远离太阳的一方，此时北半球接收到的更多的是太阳辐射的漫射，白昼变短，气温下降。到了冬季，更陡的倾角意味着阳光需要穿过更厚的大气层，进一步让更多的太阳能在辐射到地表之前被反射回太空。

米兰科维奇循环

如果说大气、洋流及季节变化由“日地之舞”驱动，那么地球轨道与恒星的距离变化肯定会对气候造成巨大影响。早在 20 世纪，古气候学的“守护神”米卢廷·米兰科维奇（Milutin Milanković）就推敲过其中的细节。米兰科维奇早年从事土木工程方面的工作，曾设计过混凝土坝、桥梁和高架桥。这些成就不仅赋予他名望与财富，还让他在 1909 年进入贝尔格莱德大学，成为一名应用数学家。自 1912 年起，米兰科维奇开始研究轨道力学及其对气候的影响。在 1930 年，他出版了一项对未来有重要影响的研究成果：《数学气候学和气候变化的天文学理论》（*Mathematical Climatology and the Astronomical Theory of Climate Change*）。

地球与太阳之间的运动会影响气候变化，米兰科维奇提出了三个影响运动变化的重要因素：偏心率、黄赤交角、岁差。偏心率指地球轨道的形状，在 10 万 ~ 40 万年的周期内，地球轨道的形状会逐渐从近似圆形变成椭圆形。在偏心率最大时，地球与太阳的距离超过 1000 万英里，地球上任一地点太阳辐射的年变化最大。黄赤交角指地轴的倾斜角度，以 4.1 万年为周期，地轴倾斜角度的变化将近 3°。倾斜角度越大，季节更替越明显。岁差指地轴的进动[①]，以大约 2.7 年为周期，地轴北端会发生旋转，就像是陀螺失去动量。偏心率、黄赤交角及岁差的周期性循环被统称为“米兰科维奇循环”。将三者结合在一起，我们可以得出如下结论：每隔 1.9 ~ 2.3 年，黄赤交角最大时，也就是地球距离太阳最近时。

① “进动”是指一个自转的物体受外力作用，导致其自转轴绕某一中心旋转。

这里我们感兴趣的是让地球气候无法规律运转的轨道力学。我们再来看看撒哈拉沙漠。日地距离在夏至的前几天达到峰值，这意味着在北半球的夏季，撒哈拉沙漠得到的太阳能较少，导致海陆之间的气压梯度不足以产生降雨。但是在1000万年前，地球在6月份时距离太阳更近，夏季的季风性气候会导致降雨浸透大地。现今的撒哈拉沙漠的气候形成于距今500万年前，这种转变是轨道进动的自然结果。

米兰科维奇集中研究北半球的冰期。据他推测，气温较低的夏季意味着冰雪融化的减少，冰川在这种气候下可能终年不化。北半球的冰期应该是黄赤交角变小的自然结果，因为这减少了季节的极端变化，并最大限度增加了夏季时的日地距离。一切似乎水到渠成，但是，米兰科维奇循环如何影响热带地区的气候？如果我们对气候变化如何推动人类进化感兴趣，那么便需要了解轨道力学对撒哈拉以南的非洲的影响。

风中尘土

在20世纪80年代中期，彼得·德梅纳克（Peter deMenocal）常常心有所思。当时他是哥伦比亚大学的研究生，研究非洲西海岸大西洋海底的沉积物的磁性。大陆上的尘土容易磁化，因此近海沉积物的磁性可以帮助我们理性地估计亚热带非洲旱季的强度和长度。原则上，海岸沿线沉积物和岩心之间的磁化率变化，可以用来比对高纬度地区的古气候重建，并与地球轨道和地轴倾斜度的变化相匹配。

“乔迪斯·决心号”（Joides Resolution）的招募令为德梅纳克的工作带来重大转机。“乔迪斯·决心号”是一艘大洋钻探船，30年来一直在探索海底世界（图4.1）。这是大洋钻探计划的第117号项目，要在海上巡航8周，重新提取非洲东海岸到阿拉伯海西北部的海底沉积物。按照原计划，一位资历更深的科学家会随船出行，但因为妻子怀孕，

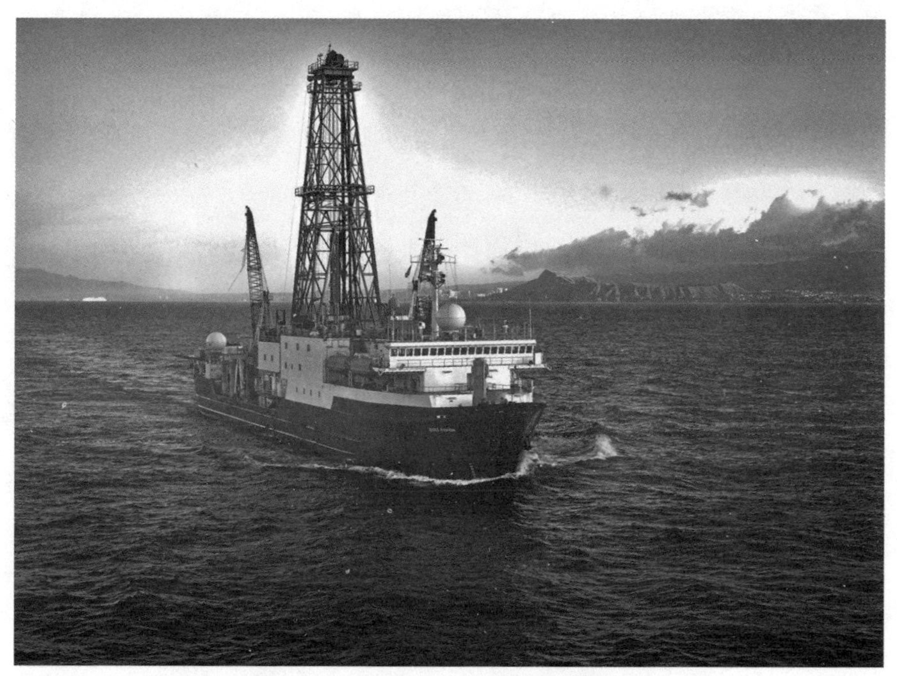

图 4.1 “乔迪斯·决心号”大洋钻探船
图片来自“综合大洋钻探计划”①。

他临时退出了。“我想，这就是命中注定吧。”德梅纳克回忆道。钻探队需要一位古地磁学家，而德梅纳克正是已经做好准备的合适人选。就这样，1989 年 8 月，和其他 27 位来自世界各地的科学家，以及许多后勤人员一起，德梅纳克从斯里兰卡出发，开始了这次航行。

“乔迪斯·决心号”长 470 英尺，船的中部有一座高约 200 英尺的井架。钻探队将一根根 200 英尺长的钢管连接在一起，并使其竖直状降至海底。这着实是一项了不起的成就：长达几公里、重达数百吨的钻杆将船舶与海底连接到一起。当海水泵入钻杆内时，一个活塞会下降至钻杆底部，并由三个细拴固定在适当位置。当水压升高时，细拴就会破裂，在水的重压下，取芯管便会钻入海底更深的地方。取得

①综合大洋钻探计划 (Integrated Ocean Drilling Program，IODP) 是 20 世纪历史最长、成效最大的国际研究计划，通过研究海底的深部生物圈和天然气水合物，为深海新资源勘探开发、环境预测和防震减灾等实际目标服务。

岩心后，接下来要做的便是将岩心提取至海面。每一次提取出的岩心长约 30 英尺，并被切割成大约 4.5 英尺长的部分。提取岩心的过程只需要 15 分钟，科学家们努力跟上速度，加工处理被提取上来的岩心。在船上，只有 10% 的时间可以活动，其余 90%的时间都很无聊。但对那些有幸登船的人而言，他们的等待很值得，因为他们第一时间目睹了沉积于数百万年前的非洲大陆的尘土。117 号钻探项目一共取得 2.2 万个样本，它们分别属于 12 个不同的地点，从 25 个钻孔中提取而来。

在钻探过程中，船上的地质学家像糖果店里的孩子一样兴奋。“乔迪斯·决心号”是一个漂浮在海面的研究中心，五层甲板上都配备有最先进的实验设备，用于实时分析海底沉积物。德梅纳克充分利用当时的便利条件。岩心从海底提取出来后,德梅纳克便集中精力研究它们。岩心具有韵律层理[①]：含有有孔虫（一种单细胞生物，虫体隐藏在细小的壳内）的棕灰色沉积物，与颜色较深的富含陆源尘的青褐色沉积物呈层状交替出现。这种韵律模式一再重复，以固定的时间间隔为单位，每一层代表数千年的沉积。米兰科维奇在 60 年前认为，这种变化与日地之舞的节奏保持一致。但是，一个现象却还是让德梅纳克感到惊讶：随着海底钻探深度的增加，富含陆源尘的沉积层越来越薄，颜色也越来越浅。他不仅从中看到非洲季风对海底沉积物的影响，而且随着进一步深入到遥远的过去，他还目睹了沉积模式的深刻变化。在海上生活了 56 天，航行 4400 海里之后，“乔迪斯·决心号”进入毛里求斯的路易港。通过对岩心的测试研究，德梅纳克得出人类进化过程中轨道进动与东非气候的基本关系。

不过，一些细节问题还需等待德梅纳克回到哥伦比亚大学之后才能揭晓。在接下来的一年里，他将此次钻探取得的岩心，与早期从西

①这是一类在成分、结构（如粒度）与颜色等不同的薄层作简单而有规律的重复出现所组成的层理。韵律性重复的原因，往往是物质搬运和供给方式有规律地发生交替造成的。这种变化可以是短期的，也可以是长期的。

非沿海大西洋的海洋钻探项目中取得的岩心相匹配。他发现几项引人注目的事实，其中首要的是，北半球的冰期与非洲热带、亚热带的气候有联系。从 280 万年前开始，岩心中明暗交替的韵律层的周期从 1.9 万～ 2.3 万年转变为 4.1 万年，与冰期间冰期循环周期相一致。100 万年之后，这个周期再度转变为 10 万年，和北半球冰期延长的时间相一致。

不安定的星球

在广泛的地理范围内，海底沉积物让我们看到一张详尽的气候变化图。如果我们对人类进化背后的驱动力感兴趣，那么就必须了解古人类栖息地及其自然资源的变化。在过去的 5 000 年里，非洲很少有其他地方像撒哈拉沙漠一样变化巨大，过去的气候变化也必定以不同方式影响着不同地方。因此，与海洋和赤道的距离，盛行风海流的方向和强度，以及地形等诸多因素，共同影响某一地区对气候变化的反应。而在人类进化的时间尺度上，这些因素本身也在发生变化。当研究气候变化与进化的关系时，这种变化便显得愈加重要。

现在，我们来考虑一下构造地质学。地球是个不安定的星球，地壳由板块拼凑而成，巨大的岩石板块随着地壳下方的地幔漂移，板块的移动会完全改变大陆边缘的海陆地形。有的板块相对滑动，地壳剪切处会形成一条裂缝，如加利福尼亚州沿岸的圣安地列斯断层。有的板块相互汇聚，一个板块朝另一个板块下俯冲，在挤压碰撞下形成沟槽，如太平洋的马里亚纳海沟。板块碰撞也可能使得板块隆起形成山脉，如隔开印度板块和青藏高原的喜马拉雅山脉。我们可以从太空拍摄的图像上清楚地看到板块边界。一些板块在上涌岩浆的推动下相互分离，新的地壳在它们之间形成，如每年大约分离 1 英寸的大西洋洋中脊。洋中脊两翼之间的地堑很深，无论是宽度还是深度都不逊于科罗拉多大峡谷。

板块运动为什么会对气候产生影响？首先，大陆漂移可能开启或闭合海洋生态走廊，改变水、盐和热量的循环模式。这些都能推动气候的变化。还记得第 2 章的内容吗？在厄尔尼诺当中，哪怕是热带东太平洋的温度和空气表面压力的微小变化，也能使基巴莱的森林干枯。如此一来，我们也就不难理解新生代期间南美洲与南极之间的德雷克海峡的出现，以及北美和南美之间的巴拿马海域的消失，它们都会对气候产生巨大而深远的影响。它们不仅为南极大块冰盖的形成提供条件，而且也使得墨西哥暖流在横跨大西洋，从佛罗里达州流向挪威时，温度变化相对缓和。

地质构造导致的地形变化也很重要。当一系列高山山脉阻隔气流在原定路线上继续移动时，山脉背风侧便会形成雨影①。这是因为大气压力随着海拔的增加而下降，所以空气在迎风侧膨胀，水汽凝结形成降雨。美国西部的死亡谷在内华达山脉的雨影中，青藏高原在喜马拉雅山脉的雨影中。同样，东非的热带草原和沙漠都处于东非裂谷系的雨影中。下面就让我们来看看详细的情况。

东非大裂谷

我们曾在第 2 章介绍过东非裂谷系。大猩猩生活在维龙加火山西侧的云雾林里，猴子和黑猩猩生活在基巴莱，即乔治湖和阿尔伯特湖之间的鲁文佐里山脉里。上述的火山和湖泊都是东非裂谷系重要的组成部分。东非大裂谷本身是一系列南北向的断裂，从叙利亚延伸至莫桑比克，从头到尾，长约 2800 英里。理查德·伯顿（John Burke）和约翰·斯派克（John Speke）探索发现了这些奇异而多样的景观，他们当年的本意是寻找尼罗河的源头，不料却找到这些高峰与山谷，高原和盆地。这里不仅有茂密的森林和炎热的沙漠，还有海拔超过 1.9 万英尺，白雪覆顶的山脉，

①雨影指在山脉的背风面，雨量比向风面显著偏少的区域。

以及处于海平面以下 500 英尺的灼热盐滩。

但这些景观并非一成不变。地质学家最近才发现其中的细节。在新生代中期，这个地区的地形比今天平坦，地表被热带混合林覆盖。但巨量的岩浆正在大陆深处酝酿，大量熔岩很快便会喷涌而出，将非洲板块一分为二。火山在地表形成，地壳向上隆起 3960 英尺。与此同时，一条巨大的断裂带从北向南延伸，在今天的维多利亚湖[①]（湖底覆盖有形成于古代的、异常坚硬的岩石）附近分为两部。随着新的板块边界开始分离，巨大的张力使得其上的地壳弯曲下沉，形成地堑及高耸的地垒。

雷蒙德·达特和其他早期的古人类学家并没有过多关注东非大裂谷。他们认为，人类近似猿猴的祖先曾经从中非热带雨林的南部出发，穿过干旱的卡拉哈里沙漠，最终抵达南非大草原。达特认为这次旅行本身改变了我们的祖先，因为没有任何猿类可以克服这样危险而令人生畏的地形地貌带来的挑战。所以，人类进化与南非密不可分，至少这次迁移便是如此。对雷蒙德·达特和罗伯特·布鲁姆而言，气候变化对人类进化没有任何影响，因为在达特看来，自恐龙时代以来，非洲大陆的气候便一直是今天这个样子没有改变。

但没过多久，接下来的研究者就意识到，随着时间的推移，南部非洲已经发生变化。我们不能简单假设古人类是从中非的伊甸园出走，在大沙漠中漫步，而后进入应许之地[②]。当时的研究人员还不知道，这种观念的转变卸下了人类从南非进化的观念枷锁，并开始把研究重点转移到东非裂谷系。我们在第 3 章中了解到，1959 年，玛丽·利基在坦桑尼亚的奥杜瓦伊峡谷的东北方向发现东非人。随后，在短短几年

①维多利亚湖在肯尼亚的尼安萨省。

②“伊甸园”“应许之地”都是借用《圣经》中的典故描绘古人类的发展。“应许之地”最初是指上帝应许给犹太人的“流奶与蜜之地”——迦南。犹太人在神的带领下逃出埃及，并在旷野漂流 40 年之后终于到达。

的时间里，数百件古人类标本在东非化石的“淘金热”中被发现，每一件化石都来自非洲大裂谷沿线的沉积岩，它们分散在坦桑尼亚、埃塞俄比亚和肯尼亚。

大裂谷不仅为我们提供了人类进化历程的证据，同时也向我们展示了人类演进的动机和机会。20 世纪 70 年代初，一位名叫阿德里安·科特兰德（Adriaan Kortlandt）的荷兰生态学家描绘出基本的故事情节。今天，来自大西洋的湿空气向东吹拂，但是大裂谷西缘的山脉形成一道屏障，限制这股空气横越大陆，形成降雨。这解释了繁茂的刚果盆地和干旱的东非之间的鲜明对比。科特兰德指出，在人类的进化过程中，东非大裂谷西缘隆起的山脊造成雨影，使得森林向东边退化，把我们的祖先困在遗留下来的热带稀树草原上。在 1994 年《科学美国人》（*Scientific American*）的《东方故事》栏目里，原奥莫考察队的领导人之一伊夫·科彭斯（Ives Coppens）提出了他的观点：人类和黑猩猩的祖先由此产生生殖隔离。那些西边的种群渐渐适应湿地森林的气候环境，演变为黑猩猩，而东边的种群则面对日益干燥和空旷的草原景观。其中的含意不言而喻：我们的先祖并没有被上帝逐出伊甸园。正如达特所推断，它们并非因为离开祖辈生存的家园才发生进化，而是随着周围环境的转变，古人类的祖先被迫随之改变。

古人类的栖息地

发生在东边的故事引人注目，证据、动机和机会一应俱全。大裂谷的延伸使得人类起源的观点未有定见，一切都还处于不可知的阶段。在东非，年代较近的沉积岩中发现的古人类化石的确看起来更像人类，也的确有很多环境变化可能引发它们的演变。但其他地方的环境也发生了变化，从乍得的德乍腊沙漠到南非的布卢班克谷地，这些遗址中也发现了古人类化石。也许在上新世到更新世期间，我们的先祖已经遍布陆地的各个区域，面临着各种各样的环境挑战和机遇。但我们的研究必须从某个具体的地方入手，而东非就是一个意义非常的切入点。如今，古生物学家把研究聚焦于东非，提供了许多我们需要的、将古环境与古人类化石相匹配的细节。

在过去的 50 年里，大裂谷提供了一个令人兴奋的研究环境，造就了许多有天赋的地质学家和古生物学家，激励他们去开发新的实验工具，用以梳理过去的信息。图勒・赛凌（Thure Cerling）就是其中第一批采用革新性和开创性方法的人。他通过分析古人类埋藏地化石土壤的化学成分，重建过去栖息地的环境。

20 世纪 60 年代末到 70 年代初，赛凌在艾奥瓦州立大学读本科，主修地质学和化学。当时的地质学系正发展蓬勃，诸如卡尔・凡德拉（Carl Vondra）等年轻学者充满活力，他们为学系注入创意，致力于研究人类化石遗址的沉积物。当时艾奥瓦州立大学的化学系鼓励学生取得双学位，于是，哈里・斯维克（Harry Svec）便开创了将化学与地质学相结合的新方法。赛凌充分利用艾奥瓦州提供的机会，并设法获得邀请，在肯尼亚的鲁道夫湖（现在叫图尔卡纳湖）东岸绘制沉积岩区的地质图。东非不断有新的古人类化石被发现，了解新发现遗址内的地质情况对古人类研究大有益助。赛凌在研究生涯的早期便学会地球化学，以及如何在地质景观中追踪沉积岩的知识，这些都为他日后的事业打下基础。

在加州大学伯克利分校读研究生时，赛凌继续 20 世纪 70 年代在肯尼亚的研究。他热情地研究沉积物的化学性质，并开始在遗址里收集随时间推移沉积而成的爆米花般的钙质结核。每一年，赛凌都要花好几个月的时间来追索沉积岩层，从每一层发现过古人类化石的地层中采集样本。这是个极为繁重的工作，需要一英里又一英里地追索岩层和沉积物，日复一日地行走于鲁道夫湖的东缘，穿过那里炎热多尘

的荒凉土地。他在搜寻的过程中上下穿梭，游走在被侵蚀的冲沟和贫瘠的山丘附近，偶尔可以见到点缀其间的灌木丛或金合欢树。我一直很羡慕那些可以一览荒凉景观的地质学家，透过智慧的双眼，他们能够看出沧海桑田的剧变，可以依据岩石和泥土判断出古河床、河流三角洲和湖滨线。赛凌也清楚地知道什么地方适合采样。

他的工具是镐和铲。他必须挖得足够深，才能发掘出那些不曾暴露在空气和自然中的未风化的结核（图 4.2）。这些样品非常宝贵，赛凌收集了数百件这样的样品，并把它们送回实验室。在化验结果呈现以前，他也不确定这些样品是否受到过混染。好在他的努力卓有成效，当时的地球化学家开始意识到，古土壤的化学分析可以帮助我们了解许多东西。先来看看碳、氧原子的变体或同位素，这两种原子在赛凌采集的钙质结核（$CaCO_3$）中都存在。在地球大气中，超过 99%的氧原子有 8 个质子和 8 个中子（^{16}O，即“氧-16”），其余部分则多了两个中子（^{18}O，即“氧-18”）。此外，地球上 99%的碳原子有 6 个质子和 6 个

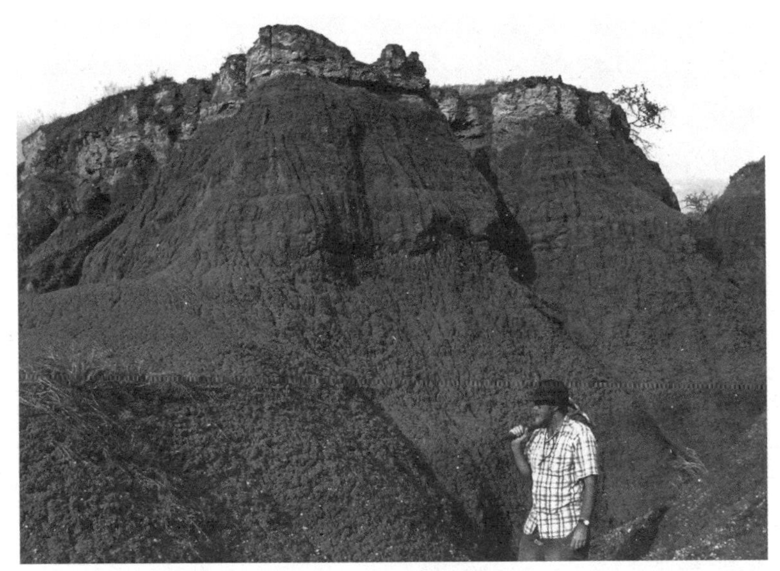

图 4.2　图勒·赛凌为同位素分析采集钙质结核

图片来源于图勒·赛凌。

中子（^{12}C，即“碳-12”），其余部分则有 7 个中子（^{13}C，即“碳-13”）。每种类型的碳、氧原子的比例在大气中相对稳定，但赛凌在采集的碳酸钙样品中并没有发现这个特征。事实上，不同地层中的结核似乎具备独特的同位素特征，一些地方氧原子的同位素（^{18}O）偏高，一些地方碳原子的同位素（^{13}C）偏高。这有助于赛凌追踪地层，并将其相互匹配。

赛凌也认识到，沉积物形成时，同位素比例的差异必然由土壤条件的差异引起。他相信，或许化学可以提供与过去环境有关的线索，帮助我们更好地了解人类祖先在进化过程中面临的挑战。例如，较之低温条件，高温下雨水中的氧-18 的比例较高，因为冷云层中氧-18 的含量相对较低。因此，在温暖条件下形成的土壤里，水分子中氧-18 的比例应该较高，其余元素的比例则大致相同。换句话说，碳酸钙中的氧同位素比值可以让我们了解，在沉积物的沉积过程中，气候是温暖还是寒冷。

碳同位素也可以起到相同的作用。土壤中的碳原子源自植物、动物和细菌产生的二氧化碳。在不同种类的植物，以及那些以三者为食的动物体内，6 个中子和 7 个中子的碳原子的比例并不相同。这主要取决于植物如何“进行”光合作用。以树、灌木和冷季型草为例，它们碳-13 的比例低于低海拔热带草和莎草。因此，形成于热带草原的古土壤中，碳-13 的比例高于形成于林地或森林中的古土壤。由此，根据古土壤中的同位素的比例，我们可以推断人类先祖生活和进化过程中的栖息地的环境。

但我们很难解释，究竟是什么因素导致土壤同位素的差异。温度、阳光、湿度、植被覆盖率及表面深度，种种因素都会影响同位素的比例。赛凌必须依据现代土壤才能弄清楚这些细节。所以在 20 世纪 80 年代和 90 年代，赛凌和他的学生杰伊·奎德（Jay Quade）从形形色色的地形地貌中收集分析土壤，他们所到之处包括北美洲的平原、草原和沙漠，南美洲和非洲的近赤道的森林和草原，欧洲地中海国家和澳大利亚的林地及灌木地，巴基斯坦杂草丛生的洪泛平原。这是一次具有里程碑意义的行动，耗费数年之久。但多年的研究最终确定，两种类型的原子都能够揭示碳酸钙中隐含的环境线索，并排除了温度、降水和植被类型对古代沉积物的碳、氧元素的影响。

现在，赛凌可以调整方向，再次研究古人类化石遗址中的碳酸盐。他预计，年代较近的沉积物中的碳 -13 的比例较高，氧 -18 的含量较低，这表明在中新世晚期，热带草原的范围一直在蔓延，气候变得越来越干旱。事实上，它们的变化趋势确实如此。热带草原和莎草草地似乎已经开始蔓延，并且在上新世中后期扩散到大裂谷的河漫滩。在大约 180 万年前，地层中碳 -13 的含量呈上升趋势，与草原上树木日益繁茂的趋势相一致。与此同时，地层中氧 -18 的含量呈下降趋势，表明气候愈加干燥。通过地层同位素研究，赛凌仿佛目睹了当年热带稀树草原在非洲东部的扩张。和早期研究人员的预测一致，草原羚羊逐渐取代森林中以嫩草为食的动物，而且就在同一时间，古人类也不再生活在树上。

但事情并不像赛凌预测的那样简单。在上新世到更新世期间，环境变化的确有一个大体趋势，但在不同地方，转变的时间节点并不完全相同。相比之下，在埃塞俄比亚中部的阿瓦什河沿岸，气候转向干燥的时间较早，而在其南部靠近肯尼亚边界的地方，即奥莫河流入图尔卡纳湖一带，并没有表现出气候会转向干旱的趋势。特定区域内的变化也同样如此，如奥莫河畔的森林要比湖边森林存在的时间更长。世界上其他地方也能证实气候变化在全球范围内的差异，比如巴基斯坦北部的西瓦利克山脉，在过去的 600 万年里，一直被富含碳 -13 的草地覆盖。

但是，如彼得 · 德梅纳克所确定的，那些随着时间推移，精细尺度上的气候波动如何影响古人类？米兰科维奇循环和东非大裂谷扩张又如何在具体层面上同步，导致古人类必须面对的生存条件的变化？毕竟，这些都属于自然选择。一代又一代人的栖息地环境如何变化，那些生活其间的人如何应对这些变化？让我们向肯尼亚的奥洛戈赛利叶盆地进发，和美国国立自然历史博物馆的里克·波茨（Rick Potts）一起去寻找答案。

气候波动

驱车从内罗毕西南部出发，沿着马加迪湖畔狭窄坑洼的小路行驶，大约一小时便能抵达奥洛戈赛利叶盆地。恩贡山[①]到大裂谷谷底的海拔落差有 2000 英尺，这里炎热干燥，是一片由草、多刺的灌木丛和零星的合欢树组成的开阔平原。但不难想象，这里曾经是一个水量丰沛的湖泊，湖边一派生机勃勃的景象。

通过厚度超过 200 英尺的层层叠叠的沉积岩，地质学为我们讲述了一个这样的故事。在奥洛戈赛利叶盆地，沉积岩层的分布面积大约为 60 平方英里，不同沉积环境下的沉积岩的颜色各不相同：白色代表湖泊沉积物，绿色代表古土壤，棕色代表河流沉积物，红色代表山火岩，灰色则是火山沉积物。这些地层大约形成于距今 120 万～50 万年，地质学家可以借助沉积物的颜色构建出沉积环境的变化。以白色的沉积岩层为例，白色的沉积岩中富含硅藻壳，当奥洛戈赛利叶盆地气候潮湿，环境相对舒适时，这些藻类定居在湖底。我们可以通过沉积岩中的硅藻类型来了解湖泊的深度、盐度和酸碱性。不同时间和不同地点的沉积物各不相同，它们就像一道窗户，反映出盆地过去的环境。

研究人员已经在奥洛戈赛利叶盆地工作了很长时间。1919 年，英

①恩贡山是东非大裂谷边缘系列山脉之一，位于肯尼亚南部的内罗毕附近。

国地质学家约翰·沃尔特·格雷戈里（John Walter Gregory）首先记录了石制手斧的发现。在从内罗毕到马加迪湖的远行途中，他发现了它们。1942 年，路易斯和玛丽·利基也在那里的沉积层中发现数百个磨损的石斧。如今，我们仍可以看到许多年代久远的石斧，它们在遗址的木栈旁高高突起。即便在二战期间，玛丽·利基和她的团队还是在这里发掘出大量化石，但没有发现古人类化石。

直到半个多世纪后，奥洛戈赛利叶盆地才出土第一具古人类化石，那是在 2003 年由里克·波茨发现的直立人的头骨。1985 年后，波茨一直在奥洛戈赛利叶盆地工作。当时，考古学家刚刚摆脱石制工具和骨骼的限制，开始考虑古人类会如何利用整个地形地貌。奥洛戈赛利叶盆地是个巨大的遗址，目及之处都是大片大片的沉积物。20 世纪 60 年代，考古学家格林·艾萨克（Glynn Isaac）曾在此处做过发掘工作，把它称为“散落的斑块”。他觉得这里条件极佳，因此在距离一处露天基岩 3 公里远的地方，波茨和他的团队挖掘出 100 道探槽。

波茨原本以为自己要在遗址里工作 3 个季度。但是随着工作的逐步开进，他渐渐把注意力投向时间变化对沉积物带来的影响，而不是它们在地理空间上的差异。在奥洛戈赛利叶盆地，沉积物的时间跨度超过 70 万年，年代较近和较晚的沉积岩层中发现的动物化石完全不同。这本身并不奇怪。依据弗尔巴的观点，随着大草原向大陆扩散，灭绝和进化的剧变也随之跃至巅峰。但是她的研究重点集中在更早的时期，即距今大约 530 万年前的中新世到上新世期间，以及 260 万年前的上新世到更新世期间。弗尔巴认为大约100万年前还发生过一次重大转折，但她只是粗略描述，没有想象说明这一转折中的细节。奥洛戈赛利叶盆地的发现恰好能够补充这个故事的细节。

但是，奥洛戈赛利叶盆地出土的化石并不支持弗尔巴的更替频率假说。在年代较晚的沉积岩层中，波茨找到了狮尾狒和河马这类特化的食草动物，而在覆盖其上的年代较近的岩层中，波茨找到了狒狒和大象这样的杂食动物，这表明生活在开阔地带的物种并没能取代林地或森林里的物种。后一物种既可以在大草原上生活，也可以在森林里生活。奥洛戈赛利叶盆地出土的化石似乎表明，是特化动物被杂食动物取代，而不是杂食动物被特化动物取代。对于那些曾经制造手斧并将其遗留在此的古人类，上述发现是否可以告诉我们一些有关它们的信息?

波茨开始怀疑，那些让我们成为人类的东西，比如直立行走、较大的脑部、复杂的社会组织、石制工具和以肉为食，可能都是渐渐发展而来的，这些特质让我们祖先的才能愈加丰富，以便它们在更加开阔的栖息地里繁衍生息。也许人类进化的关键不在于草原扩张，而在于环境变化的不确定性及其带来的挑战。因此，波茨开始梳理古气候的文献记录，以便更好地了解气候波动。到 20 世纪 90 年代中期，波茨构建出变异选择假说（The Variability Selection Hypothesis）。

在此之前，德梅纳克和赛凌等人记录了气温和降水在环境越来越干冷时的变化。但是波茨需要知道，随着时间的推移，它们的变化幅度有多大。是否有证据表明，在人类进化关键时期的气候波动更大? 无论是远洋深泥还是古人类遗址中的土壤碳酸盐，都无法证明这一点。但我们可以利用其他气候记录，如有孔虫化石外壳中的氧同位素。海底沉积物中的有孔虫历经数百万年沉积而成，可用作测量温度变化的深度温度计。如果有孔虫外壳中的氧 -18 含量相对较高，则表明当时冰川中的氧 -16 较多，间接说明全球平均气温处在较低的水平。

剑桥大学的尼古拉斯 · 沙克尔顿（Nicholas Shackleton）及其同事正好建立了一个记录有孔虫氧同位素值的数据库。这些数据采自岩心中历经六百多万年积累而成的深海沉积物。他们先是把有孔虫氧同位素的值排成一行，然后再在图上标绘出来（图 4.3）。他们发现，随着时间的推移，气温的变化幅度明显增加，在古人类进化期间上升了两到三倍。也许，这就是波茨需要的证据。此外，一些其他的发现也指向这一结论。例如北希腊泥炭沼泽环境中的花粉表明，在温带森林和寒冷的开阔草原之间，自然条件的变化波动强度在增加。研究气候变化不应该仅限于研究其长期趋势或短期的规律振荡，也应考虑其波动的强度。导致人类进化的因素也许并不是气候条件长期转向干旱的变化，而是短期内气候的剧烈变动。人类祖先可能变得越来越适应自然环境，因此在许多物种无法回迁至奥洛戈赛利叶盆地时，他们却做到了。

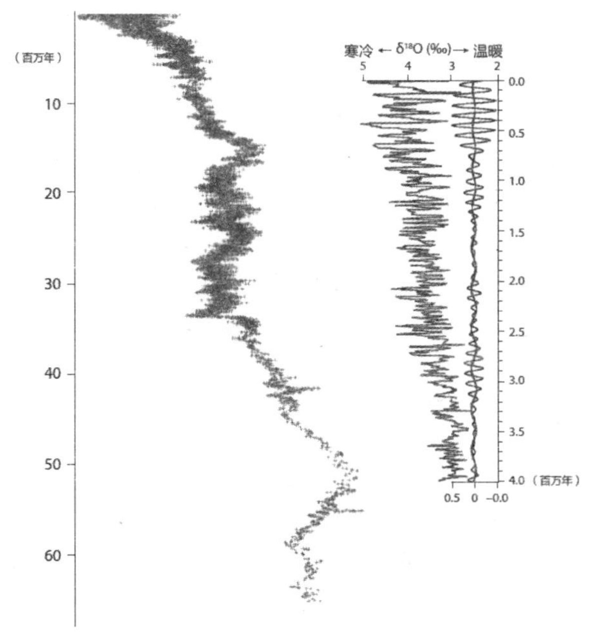

图 4.3　根据氧同位素得出的北半球古气候数据

左侧的图显示的是新生代的温度变化趋势；右边的图显示的是过去 400 万年间的温度变化趋势；最右侧的曲线测量的是与离心率有关的方差。经詹姆斯·扎克斯（James Zachos）授权修改。[①]

①原图见詹姆斯·扎克斯等著《全球气候变化趋势、节奏和反常情况》（*Trends, Rhythms, and Aberrations in Global Climate 65 Ma to Present*），686–693 页；詹姆斯·扎克斯（James Zachos），杰拉德尔·狄更斯（Gerald Dickens）及理查德·齐伯（Richard Zeebe）的文章《新生代初期视角下的温室效应以及碳循环的动态过程》（*An Early Cenozoic Perspective on Greenhouse Warming and Carbon- Cycle Dynamics*），发表于《自然》期刊 2008 年第 451 卷 7174 期。

变化的湖泊

这个世界变化的故事中包含许多内容。地球轨道和地轴倾角的定期变化主导全球的气候波动，而构造活动可以帮助我们了解区域和局部的环境变化。但是，什么才能将整体和局部的环境变化联系在一起？伦敦大学学院的马克·马斯琳（Mark Maslin）和德国波茨坦大学的马丁·特劳斯（Martin Trauth）也许能告诉我们答案。据他们所言，两者间的桥梁是湖泊。

20 世纪 80 年代末到 90 年代初，依据海洋钻探取得的深海岩心，马斯琳和导师沙克尔顿曾一起研究有孔虫的氧同位素。和彼得·德梅纳克一样，马斯琳在“乔迪斯·决心号”上初试牛刀。那时，马斯琳是德国基尔大学地质古生物研究所的博士后，参加了 1994 年海洋钻探计划的第 155 次航行，目的是研究从亚马孙河流入南美洲沿岸大西洋的广袤区域中，这个巨型扇状三角洲中的泥土。马斯琳在基尔大学遇到特劳斯，后者当时正在开发气候变化的数学模型。几年后，特劳斯邀请马斯琳加入他的团队，一起去肯尼亚做地质工作。不久，两人便开始推行一个雄心勃勃的计划——记录东非湖泊的变化。

非洲的分离使得裂谷内形成许多海拔不一的湖盆。许多湖盆在气候湿润时水量丰沛，在气候干旱时又蒸发殆尽。这些湖泊的扩张和萎缩依循米兰科维奇循环，一些人发现的零散证据表明，在肯尼亚的巴林戈湖，形成于距今 270 万～250 万年前的沉积岩中含有硅藻化石。这表明在大约 2.3 万年的时间间隔内，随着昼夜平分点的进动（即地球位于近日点时的季节，从夏天变为冬天，然后又变成夏天），一系列湖泊一个接一个反复出现。马斯琳和特劳斯专注研究 10 个主要的湖盆，发现了湖泊遵循的一贯模式：至少在更新世之前，主要的湖泊以 40 万年为周期消失出现，与地球轨道从近圆形到椭圆形，再到近圆形的时间周期一致，并且湖泊深度在全球气候变化的重要时期达到峰值。

裂谷中的湖泊对降雨量的微小变化特别敏感。气候湿润不仅意味着更多的降水，而且也意味着更少的蒸发，干旱时则一切相反。这加剧了米兰科维奇循环的影响。气候的波动幅度急剧增加，降水量迅速达到湖泊扩张和收缩的临界值。换句话说，盆地或因水量充盈变为湖泊，或因过于干旱变为盆地，这样的变化十分剧烈。

马斯琳和特劳斯由此构建出气候剧变变异性假说。该假说以波茨的观点，即环境波动是人类起源的关键为基础。两人认为在对环境的影响方面，湖泊是连接轨道力学与构造地质学的桥梁，有助于解释为什么一些进化事件会突然出现，而不是有规律地逐渐发生。他们认为湖泊的充盈和干旱破坏了裂谷盆地的生活。当气候条件湿润，湖盆内水量充盈时，会导致古人类群体分离，并沿着裂谷，向山系的山肩迁徙；当气候干旱，盆地过于干涸时，环境也会变得不适宜居住，导致古人类群体再次分离迁徙。我们曾从伊丽莎白·弗尔巴那里了解到，这种人口的分散和传播是进化的必要条件。也许这能够证明，地球轨道和地轴倾角的变化，以及二者与非洲大陆分裂的结合，共同使古人类进化成为人。

改变科学研究的湖床

但是什么地方才能找到证据，证明该假说成立？我们还没有在正确的时间和正确的地点，对长期的小尺度气候变化做记录，也不了解在人类的进化过程中，它们如何触发具体的事件。在大跨度的时间尺度上，深海岩心为我们提供了良好的连续记录，但那不是我们需要的局部环境细节。古人类遗址中的土壤碳酸盐为我们提供了需要的细节，但它们并不连续。古土壤的沉积、风化和侵蚀限制我们的可知范围，除一些固定时间节点和时间段内的古环境外，它们不能提供古人类生存环境的全部特征。

不过一切正在发生改变。研究人员已经开始研究裂谷湖泊的古湖床。湖床沉积物非常像海底沉积物，它们随着时间的推移不断积聚，因而在大裂谷范围内保存了区域和局部环境的细节。硅藻、炭、植物蜡状残留物和花粉堆积在一起形成细层沉积物，为我们提供了像深海岩心一样可以读取的记录。它们记录了从几年到几十年，再到几百年，甚至几千年间的温度、降水和植被变化。岩心中的火山灰碎屑是标志层①，研究者可以据其测得的年龄，来匹配相邻地层中的古人类化石和其他动物化石的年龄。湖床岩心可以改变科学研究的方式，并帮助我们回答早期古人类学家做梦都不曾想到的问题。

筹划资金需要多年计划和坚定的决心。在东非开展钻探工作耗资巨大，不啻为后勤的一场噩梦。想象一下，需要怎样的努力才能把长达 100 英尺长的钻机运到大裂谷的偏远地区，并把它组装起来使其可以运行；试想一下，在炎热干旱地区需要用水来冷却钻机的挑战；再想想从钻孔中提取岩心需要非常专门的设备，而当某些部件损坏时（这样的事情经常发生），当地的五金店却买不到替换部件的情形。为了应对这些挑战，科学家会耗尽所有的聪明才智，以及他们的幽默和耐心。不过令人振奋的是，这项工作正在进行。

2012 年，里克·波茨携其团队在奥洛戈赛利叶盆地布置了两个钻孔。他们提取的岩心深度超过 700 英尺，相当于 50 万年的沉积(图 4.4)。在安德鲁·科恩（Andrew Cohen）的带领下，亚利桑那大学的另一支队伍也刚刚取得巨大成就。在埃塞俄比亚北部和肯尼亚南部，他们在六个分散的湖床上钻孔，采得的岩心深度超过 1 英里，跨越了过去 350 万年的关键时期。这个项目耗资数百万美元，团队中有来自 11 个国家

①标志层是指一层或一组具有明显特征可作为地层对比标志的岩层。标志层应当具有所含化石和岩性特征明显、层位稳定、分布范围广、易于鉴别的特点。

(a)

(b)

图 4.4 (a) 奥洛戈赛利叶盆地钻井作业；(b) 里克·波茨检测岩心样本。
图片来源于史密森学会人类起源项目成员珍妮弗·克拉克（Jennifer Clark）。

的 100 名科学家。在岩心取样后的几年里，该团队的科学家一直忙于研究这些样本，他们的研究成果有望为我们提供前所未有的气候随时间变化的细节，并告诉我们这些变化如何塑造人类祖先生存于其间的世界。

虽然我们没有掌握所有细节，但有些事情明白无误：在古人类的进化过程中，它们的生活环境产生过极大的变动。对于那些生活于其间的生物而言，大裂谷和非洲其他地方的变化带来了戏剧性的影响。在如今的非洲大陆，许多地方不仅比 500 万年（甚至 250 万年）前更加干旱，而且在全球范围的气候波动下，古人类栖息地必定在温暖湿润和凉爽干燥的气候下反复变换，这种气候变化时而突然，时而渐进。随着湖盆的充盈和枯涸，大自然总是一次性抹杀以往供应的食物，然后换上全新的菜单供生物选择。这些变化对人类祖先有什么影响？也许牙齿和骨骼化石可以为我们提供一些线索。现在我们再回过头，到实验室里去看一看。

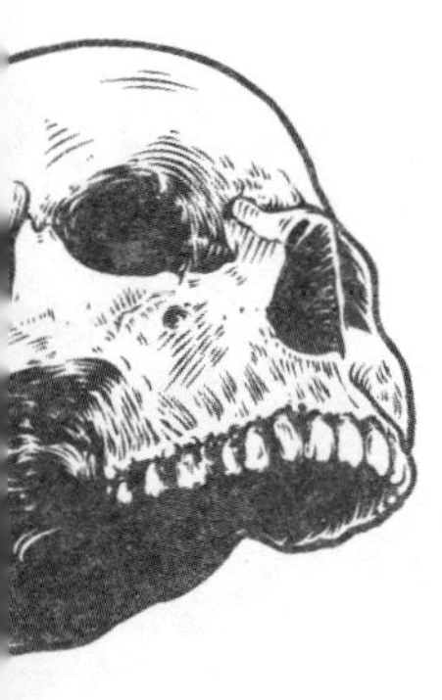

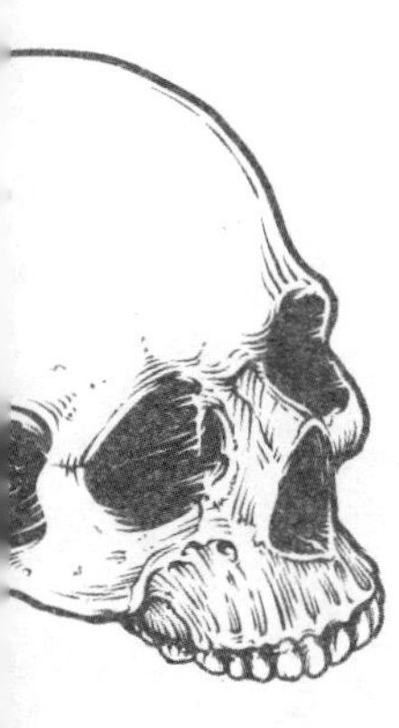

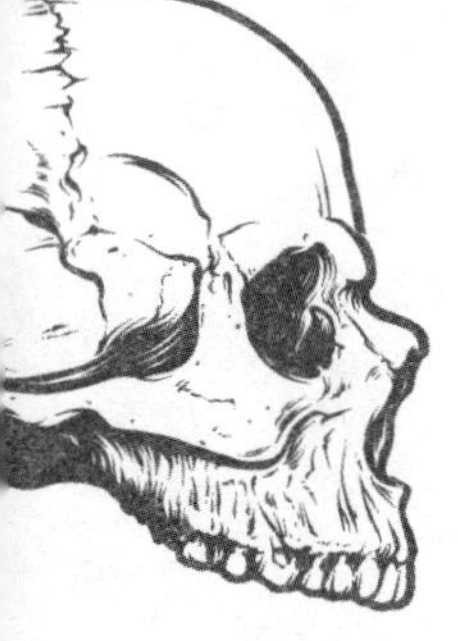

第5章 咬 痕

1959年8月，泛非史前史大会在如今被称为金沙萨[①]的地方召开。路易斯和玛丽·利基带着一块新近发现的头骨化石与会，这块头骨是在会议召开前一个月，他们在奥杜瓦伊峡谷发现的。这是在南非以外发现的第一块古人类头骨化石，每一位与会者都在谈论它。颅骨的上颌和面部厚实强健，不仅有固定咀嚼肌的矢状脊，还有巨大的颊齿。后来菲利普·托拜厄斯据此写了一部权威著作，书中的一句话广为流传："我从没见过比这更出色的胡桃夹子。"

"胡桃夹子人"（鲍氏傍人）的确非同寻常（图5.1）。在所有之前或之后发现的古人类化石中，这种古人类的下颌最强健，牙齿也最大最平坦。这具头骨看起来就像珍贵的木制玩具，身着缀以珠翠的士兵制服，嘴里咬着核桃。它除了以硬物为食外，还能吃些什么呢？即便从理论层面考虑，一切看上去也相当完美：随着全球气候变得干燥寒冷，草原在早更新世蔓延到东非，大裂谷也在同时逐渐扩大，谷肩抬升，茂密森林中的肉质果实变得稀缺，而诸如金合欢种子和块茎等坚

①金沙萨是刚果民主共和国的首都，旧称利奥波德维尔。

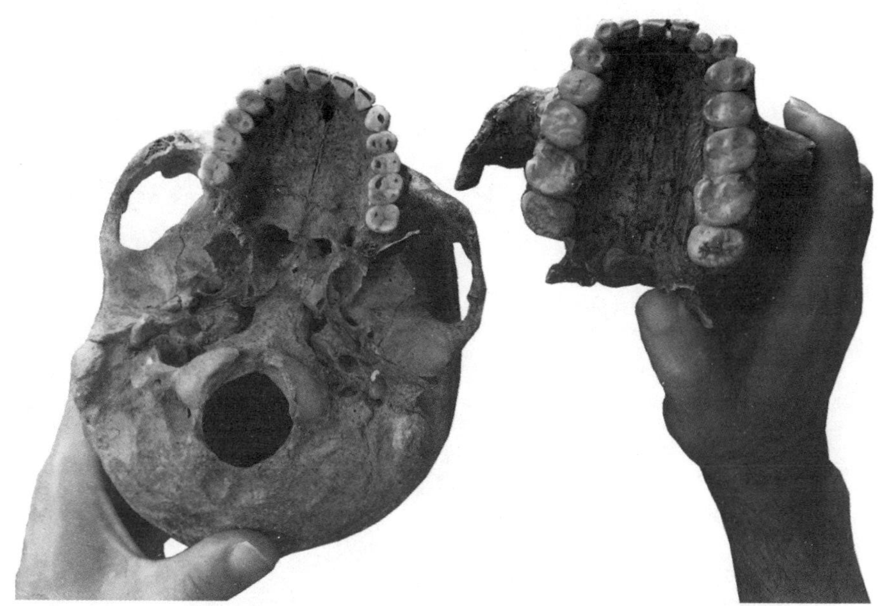

图 5.1 “胡桃夹子人”（鲍氏傍人）（右）与现代人（左）上颌骨铸模对比

硬干燥的食物反而丰富起来。在这种条件下，古人类在解剖学上似乎在无可避免地向着特化的方向发展，从而进化出胡桃夹子般的咀嚼功能。这是近半个世纪以来的普遍观点。

所以当我用新显微镜检查头骨牙齿的复制品时，一时间感到惊诧不已：除了细微的划痕外，上面没有任何东西。咀嚼硬物会在牙齿上留下凹坑，因为食物是在上下相对的牙齿间被压碎，所以微小的磨蚀颗粒会被压入牙齿表面。其他种类的古人类牙齿复制品已经被我的博士后罗勃·斯科特（Rob Scott）扫描过，但我把这个样本留给了自己。鲍氏傍人（*Paranthropus boisei*）是我的最爱，因此我想第一个看到它们牙齿的立体磨损表面。既然古人类活着时曾咬碎坚硬的坚果、种子和根茎，那么他们的牙齿上便会有凹坑。但我却没有在鲍氏傍人的牙齿表面发现凹痕，于是我又换了一颗牙齿观察，结果仍然只看到微小的划痕。我一件接着一件观察标本，结果都一样。难道这种古人类根本不是“胡桃夹子”，我们之前全都搞错了？

在这一章，我们会进入实验室，仔细观察古人类化石本身。我们已经了解灵长类动物的摄食生态学，以及环境随时间变化的知识，如果在这种情形下，我们还想基于牙齿形状重建饮食，那就未免过于天真。我们已经知道不同食物被咬碎的方式，也已经考虑咬碎食物的最佳工具，但这并不足以明确人类远祖如何在扩张的热带稀树草原中谋生。这不是一个单纯的工程技术问题，我们需要像古生物学家一样看待化石，正如乔治·盖洛德·辛普森（George Gaylord Simpson）所追求的："不要像对待骨头那样对待化石，而是要把它们看作是有血有肉的生灵。"这要求我们采取截然不同的研究方法。

未知数求解

天文学家卡尔·萨根（Carl Sagan）曾经说过："必须知晓过去，才能了解现在。"而与之相反的是，我们这些研究过去的人则要通过现在来了解过去。每次讲授人类饮食的演变时，我都会在黑板上写一个简单的公式：

现存灵长类（牙齿 / 饮食）= 古人类化石（牙齿 / x）

我们必须了解生活在森林里的灵长类动物会选择什么食物维生，以及它们为什么选择这些食物。只有这样，我们才能找到牙齿与饮食的关系。 我们不仅需要知道牙齿如何工作，而且还需要知道如今的动物如何使用牙齿，以便求得这个未知数 x。第 2 章中的克坦贝让我们知道，不能脱离森林的背景来探讨牙齿的使用问题，就像不能将心脏或大脑切离身体后再研究它们的功能。

回想一下鲍勃·萨斯曼对褐狐猴和环尾狐猴的研究。因为对食物的喜好有所区别，这两种狐猴可以在同一片森林中共存。褐狐猴喜食树叶，而环尾狐猴喜食水果。但我们永远不可能根据牙齿得出这个结论，因为它们切齿的齿冠长度基本相同。在这种情况下，饮食差异不在于食物种类,而在于食用某种食物的比例。两种生物都可以食用水果、树叶、花朵和树皮，这对于齿型的选择来说似乎很关键。当然，对于这两种生物在世界中扮演的角色而言，这并不意味着他们吃的每一种食物的数量都不重要，只是你不能据此看出牙齿的大小或形状。

对于生活在维龙加、布恩迪及白河口的大猩猩而言，情况也同样如此。我们曾在第 2 章里讲到，它们的饮食因海拔而异。海拔越高，大猩猩喜食的肉质水果就越稀缺，因此它们食用的野芹就越多。由于特定地点水果的季节性供应，它们的饮食也随之而变。但是，它们都拥有尖锐的牙齿，可以切碎坚韧的纤维植物。我们无法仅凭牙齿形状去区分大猩猩在不同时间、不同地点的饮食差别，更不能由此得出，只要可能他们就更乐意吃柔软的高糖分水果的结论。生活在基巴莱的白眉猴则是另一种范例：就算它们有强健的下颌、厚而平坦的牙齿，有能力咬碎坚硬的树皮，以及在首选食物稀缺的困顿时节不得不吃的种子，但它们还是更喜欢吃水果。

起初，研究人员认为牙齿形状与饮食的关系似乎相当简单。在小石城的发现博物馆，小孩子也能看出狮子牙齿和长颈鹿牙齿的区别，这再明显不过：尖锐的牙齿用于食肉，钝而呈脊状线的牙齿用于食植。但是它们的关系真的如此简单吗？我们真的可以借助牙齿重建化石动物的饮食偏好吗？如果这些动物像白河口的大猩猩或者基巴莱的白眉猴那样，实际上没有选择牙齿适应的食物呢？在大自然中，这种情形十分普遍，迈氏德州丽鱼就是一例。迈氏德州丽鱼是一种分布在墨西哥和得克萨斯南部的淡水鱼，它的齿形平坦，状如卵石，可以咬碎蜗牛的硬壳。但是,依据已故的鱼类学家卡雷尔·莱姆（Karel Liem）所言，只要有更软的食物，它们就会对蜗牛视而不见。

这似乎违背人们的直觉：牙齿和下颌会沿着动物自身很少食用，不太喜欢的食物方向进化。更加矛盾的是，特化的解剖结构反而适应更广泛的饮食结构。自然中确实存在许多这样的例子。为了纪念卡雷尔·莱姆，我们把这个现象称为莱姆悖论（Liem's paradox）。但实际上这很好解释，牙齿对硬物的适应不会影响它食用较软的食物，因此动物可选择食用的食物增多了。从这个角度出发，如果你一年 360 天都在喝粥，那么牙齿的形状便无足轻重，但是如果在剩下的 5 天里，你必须吃岩石才能活下去，那么你最好还是拥有可以粉碎岩石的牙齿。

在某些情况下，特化的解剖结构的确可以反映特别的饮食。回想一下生活在塔伊森林里的白眉猴，利用自身强健的颌骨和厚而扁平的牙齿，它们几乎每天都在森林的地面上找坚果吃。这是生存策略的一部分，可以与其他灵长类动物共享森林的慷慨赠予。塔伊的白颈白眉猴食用落在地上的东西，其他猴子食用树上的东西。所以这再次表明，牙齿形状取决于食物种类，而不是食物的比例。这是自然应对挑战的方式，以便让一个物种为了生存而吃得下最具挑战的食物（无论是它们每天所需，还是只需应付最艰难的时期）。

人类先祖如何应付进化过程中可选择食物的改变？要弄清楚这个问题，仅仅知道牙齿的大小和形状还远远不够。牙齿的确可以让我们知道一种生物能吃什么，或许还能让我们得知导致今天的牙齿形状的选择压力。但是某种动物一生中实际上都食用了什么东西？它的偏好和日常选择如何？这些问题同样重要，只是需要采取不同的解决方法。我们要找到动物吃东西时留在牙齿上或齿缝间的提示。我把这种线索称为食痕。这些痕迹既可以是牙齿表面的独特模式，由或硬或软、或脆或韧的食物留下的微小划痕和凹坑塑造而成，也可以是牙齿的化学特征，由所选择的不同食物导致差异。食痕就像沙滩上的足迹一样，为我们提供过去一段时间里，动物实际活动的证据。

传统观念认为尖牙适肉，钝牙适植，而这种研究化石的新方法与前者有着本质上的区别。它关注的重点不再是导致物种特征发生演变的理论和模式，而是牙齿化石代表的那一只动物真正吃掉的食物。它不局限于研究一个物种可以吃什么，或是生物圈中有哪些食物可用，而是探索过去某个阶段，某个鲜活个体的真正选择。

饮食的磨损

不言而喻，咀嚼会给牙齿带来微小的刮痕和凹槽。同样显而易见的是，不同的划痕意味着不同的饮食。真正的挑战在于，通过化石上的细痕推断死于很久以前的动物的饮食。其中有太多变量需要解释：动物的牙齿形状各不相同，并且咀嚼方式也各异；不同动物生活在不同的栖息地，暴露在碎屑和沙砾含量不同的环境中。我们需要确定，牙齿的微观痕迹是否真的能反映出动物的饮食？

蹄兔的启示

在20世纪70年代早期，前面的问题在艾伦·沃克（Alan Walker）心中一直萦绕不去。沃克是我的第一位博士后导师。他和科林·格罗夫斯和克利夫·乔利一样，也曾是伦敦皇家自由医院的成员，在约翰·纳皮尔的灵长类动物研究单位工作。他到过非洲，先在乌干达教解剖学，然后去肯尼亚从事同样的工作。在肯尼亚，他第一次看到扫描电子显微镜下的细胞图像。当时，哈佛大学的一位电子显微镜学先驱来肯尼亚的内罗毕大学做演讲。沃克以前从未见过如此精细的图片，无论是分辨率、清晰度还是景深都十分惊人（对比高中生物学教材上，那些精子与卵子结合时生动的黑白照片）。如果扫描电子显微镜可以让人看到如此卓越的活细胞图像，那么它肯定可以为化石研究拓展一条全新的途径。

沃克首先想到的是牙釉质。半个世纪前有关狐猴和蜂猴的研究表明，物种的亲缘关系越近，它们的牙釉质也越相似。是否可以借助扫描电子显微镜，通过牙齿微观结构的微妙变化厘清化石物种间的关系？在接下来的假期里，沃克离开内罗毕大学，并想办法在剑桥大学待了一段时间，用新仪器观察他已经备好的狐猴和蜂猴的牙齿。可惜的是，他没有找到期待中的差异。

但他发现了其他的东西：牙齿磨损面上的刻痕和凹痕。他认为这必定与咀嚼有关。扫描电子显微镜下的图像似乎无法帮助他解决物种亲缘程度的问题，但可以帮助他深刻理解动物的饮食。回到肯尼亚后，沃克立刻着手制订研究计划。他需要牙齿尺寸和形状相似、亲缘关系相近的物种，以确保齿形的差异不会对痕迹产生影响。两组对照的生物必须生活在土质或粉尘粗糙程度相似的相同环境中，以确保其不会影响到痕迹。但同时，这两种生物又必须有不同的饮食。什么地方才能找到符合上述研究条件的动物呢？在内罗毕大学，沃克和一名访问学者喝酒时，向他述说了自己的想法。那位访问学者名为亨里克·赫克（Henrick Hoeck），来自塞伦盖蒂研究所，手中正好有完美的研究样本。

赫克比较过两种蹄兔的饮食。这些毛茸茸的小东西很奇怪，它们长得很像旱獭，但其实与大象和海牛的亲缘更近。灌木蹄兔和岩蹄兔都生活在塞伦盖蒂平原裸露的岩石上，共享岩隙和孔洞。虽然岩蹄兔体型稍大、吻部稍长，但未经训练的人往往很难区分两者。最关键的是，它们的饮食差异很大，在雨季时尤为明显。岩蹄兔喜欢吃草，灌木蹄兔主要吃灌木和树上的嫩叶。虽然岩蹄兔更喜欢吃草，但在旱季草地干枯时，它们也会吃灌木和树上的叶子。赫克在塞伦盖蒂平原上收集了一些样本，邀请沃克研究它们的牙齿。

不久之后，沃克前往哈佛大学任职，用扫描电子显微镜观察赫克带来的蹄兔牙齿的高分辨率复制品。物种之间的差异显而易见。灌木蹄兔的牙齿光滑平整，岩蹄兔的牙釉质上有细小而平行的划痕（至少，雨季时的岩蹄兔如此）。这些差异合乎逻辑。植物通过根部吸收水分，二氧化硅随之由土壤进入植物，在植物细胞内部及周围累积，因此草中通常含有微量的二氧化硅（即植硅体①）。沃克估计，岩蹄兔牙釉质上的划痕来自其咀嚼时，草中微量的植硅体。他在岩蹄兔的粪粒中发现了许多碎裂的植硅体，却没有在灌木蹄兔的粪便中发现相同的东西。而且和他料想的一样，他还发现在干燥的季节里，岩蹄兔的牙齿和灌木蹄兔的一样光滑平整。牙齿的微磨损能追踪饮食的季节性变化，沃克发现了一个重要的新工具。这是一个重大突破，即可以通过牙齿重建各种生物的取食策略。1978 年，《科学》（*Science*）发表了沃克的这项研究成果。

应用于古人类

沃克并不是唯一一个观察牙齿微磨损形态的人。20 世纪 70 年代，随着扫描电子显微镜在全球范围内进入大学实验室，其他对牙齿化石感兴趣的研究人员也有类似发现，并意识到它潜在的研究价值。在金山大学，我的博士生导师弗雷德·格林便使用这种新型显微镜记录生活在两亿四千万年前的似哺乳爬行动物的牙齿磨损情况。1975 年，格林前往金山大学，与菲利普·托拜厄斯一起学习人类进化。没过多久，他便成为南非干旱台地化石考察队的志愿者，目的是寻找更多古老的似哺乳爬行动物。在考察过程中，一种名为冕齿兽的动物引起了他的格外关注。这是一种体型庞大的动物，形状和尺寸与尖背野猪相似。它的犬齿和臼齿又长又尖，既有简单的锥状体，又有一排精巧的小牙尖。

①在一些植物细胞中或细胞间形成的微体水合二氧化硅质颗粒。

冕齿兽是第一批具有和哺乳动物相似下颌肌肉的动物之一，它们上下牙齿间的咬合十分精确。不过它究竟是像哺乳动物一样，咀嚼时下颌会水平运动，还是像大多数现存爬行动物一样，下颌只会垂直运动？对于那些对哺乳动物咀嚼起源感兴趣的人而言，这个问题十分紧要，而且在当时还存有争议。格林认为，可以借助金山大学的扫描电子显微镜找到答案。他认为，上下相对的牙齿表面会相互摩擦，牙齿的水平运动会产生划痕。但如果下牙仅仅受到上牙挤压的力量，则只会形成凹坑。格林发现冕齿兽的牙齿表面只有凹坑，这似乎表明，它们没有进化出哺乳动物一样的咀嚼行为。

但是当时格林已经开始在金山大学研究古人类，托拜厄斯怀疑格林已对这个研究方向失去了兴趣。格林需要一个项目来打消对方的疑虑。就在这时，密歇根大学的米尔福德·沃尔波夫（Milford Wolpoff）提出了一个具有挑衅意味的新理论。他声称傍人和南方古猿实际上是同一物种的雄性和雌性，否则两个文化、生活息息相关的物种怎么会和平共处，没有在竞争中将其中一方赶尽杀绝？但是，它们的牙齿大小和形状迥然不同，约翰·罗宾逊、克利夫·乔利和其他人已经证实，这些差异意味着不同的饮食。格林认为，如果饮食不同，那么它们一定分属不同的物种。

弗雷德·格林自有其研究计划：如果南方古猿和傍人食用不同的食物，那么它们的牙齿应该有不同的细微划痕和凹坑。他打算依循研究冕齿兽的思路，用金山大学的扫描电子显微镜观察它们的牙齿。虽然他第一次研究只采用了不到 12 颗乳牙，但格林还是从中发现了差异。由于一开始没有可供对比的类似研究，格林并不清楚这些差别的意义。但是沃克在第二年发表了有关蹄兔的研究，这对格林来说无疑是个启示。接下来他观察了更多的牙齿，并开始认真记录它们的微磨损模式。他发现南方古猿的臼齿上满是细微划痕，而傍人的臼齿上则有许多的凹坑。这些古人类食用不同的东西，所以应当属于不同的物种。比起南方古猿，似乎傍人需要嚼碎嘴里的食物，所以它们吃的东西应该更坚硬或含有更多纤维。

细节、细节，还是细节

到了20世纪80年代，微磨损的研究方式得到明显肯定，但仍有许多细节问题需要处理。艾伦·沃克再次跳槽，这次他来到约翰·霍普金斯大学，并且招募了两位年轻的解剖学讲师帮助他解决问题。这两位解剖学家分别是凯瑟琳·戈登（Kathleen Gordon）和马克·蒂福德（Mark Teaford）。戈登专注于研究方法：扫描电子显微镜的最佳设置是什么？如何测量划痕和凹坑？应该研究哪一排的哪一颗牙齿，观察哪个面上的划痕？所有这些都会影响研究的结果，所以需要深思熟虑。而蒂福德则开始研究不同灵长类动物间的微磨损差异。他多次长途旅行，带着一把可靠的印模牙齿施胶枪，到华盛顿哥伦比亚特区附近的美国自然历史博物馆，进一步大量采集样本。

借助野外动物学家记录的饮食，蒂福德将饮食与动物个体的微磨损相匹配。美国自然历史博物馆里收集了一些来自卢旺达卡雷苏克研究中心，由戴安·弗西发掘的大猩猩头骨。无论是以野芹维生的大猩猩，还是以树叶维生的吼猴，它们的牙齿表面都有细微的平行划痕。黑尾卷尾猴和白眉猴都以坚果、棕榈叶和树皮等较坚硬的食物为食，因此它们的牙齿表面划痕不多，但有既大且深的凹坑。以水果为食的红猩猩和黑猩猩的牙齿表面上则既有划痕又有凹坑。这是一个合乎情理的结论：如果要咬断柔韧的树叶和枝茎，上下相对的牙齿表面便需要相互摩擦，这样一来附着在食物或食物表面的粗糙颗粒便会被拖动，产生和牙齿移动方向一致的划痕；如果要咬碎硬物，则会在上下牙的牙釉质表面形成凹坑。正如蒂福德和沃克所料，微磨损不仅有助于研究饮食差异，而且有助于理解牙齿如何咬断不同性状的食物。

梦幻之旅

在沃克及其团队的研究中期，我初次接触到微磨损。那是我在石溪大学做研究生的第一年，弗雷德·格林带我去布鲁克黑文国家实验室，那里距离学校东区只有几英里。实验室里的扫描电子显微镜上有看似无法控制的旋钮和亮点、几个老电视风格的屏幕和一个大型真空室，真空室里有封闭的电子枪和信号探测器。我们将珍贵的镀金牙齿复制品放在样品台上，封闭真空系统，抽出其中的空气。格林像专业的飞行员一样操作着显微镜上的旋钮和按钮，他倾斜、旋转和放大样品的磨损表面，我们就观察屏幕上的颗粒状图像（图 5.2）。这一切就像魔法。

之后，我花了许多时间在扫描电子显微镜上。在那些又小又黑的房间里，我盯着绿色、琥珀色或灰色的闪烁屏幕，享受那几个小时的

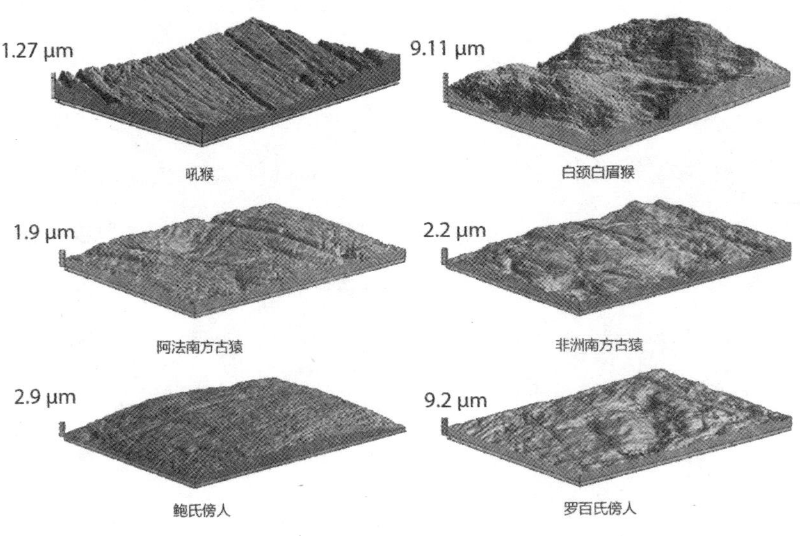

图 5.2　牙齿微磨损模拟照片（0.10mm × 0.14mm）

孤寂，并为此沉迷。扫描电子显微镜就是载着我的宇宙飞船，屏幕便是窥探微观世界的舷窗。我探索了广阔的牙齿表面，潜入狭窄的“峡谷”，穿过巨大的“盆地”。不仅如此，那些划痕和凹坑也是我通向过去的窗户。它们曾经是鲜活生命口腔中的牙齿，也许在十多万年前的美好时光里，属于我们某一位“祖父母”、“阿姨”或“叔叔”。借助每一个新的标本，我见证了数百万年前发生的事情。

解码过去

微小的划痕和凹坑就像是我们的祖先镌刻在牙齿上的古代铭文。我的导师艾伦·沃克、马克·蒂福德和弗雷德·格林通过精心设计，开发出解密这些铭文的方法。这种方法首先需要牙齿的复制品。原始的古人类化石太少太珍贵，把标本借出博物馆颇具风险，而当时的扫描电子显微镜又太庞大，不能带去保存化石的地方。复制品的还原程度十分精确，可以分辨出小于人类头发宽度千分之一的细微划痕。在制作复制品之前，必须先仔细清洁每一颗牙齿（因为即便是最细的灰尘或油膜状的指纹，也会覆盖牙齿微磨损的表面，导致复制品彻底失去效用）；之后，再用前面提到过的那种黏性物（一种特殊的乙烯基硅，用这种材料做出来的模具能够保留牙齿表面令人惊异的细节）来铸模；接着再将这些牙齿印模带回实验室，最终得到用环氧树脂制成的牙齿复制品。这些复制品被安装在特殊的底座上，其上镀有一层超薄的金膜或钯膜。

我们将每个复制品放进扫描电子显微镜的真空室，抽出其中的空气。显微镜的工作原理是将电子聚焦成细光束，并成排扫过样本表面。光束将电子轰击到样品上，样品低点接收到的电子数目较少，高点接收到的电子数目较多。电子数目高的地方在屏幕上显得更亮，数目低的地方显得比较暗。点集合成线，线集合成面，最终呈现出样品表面

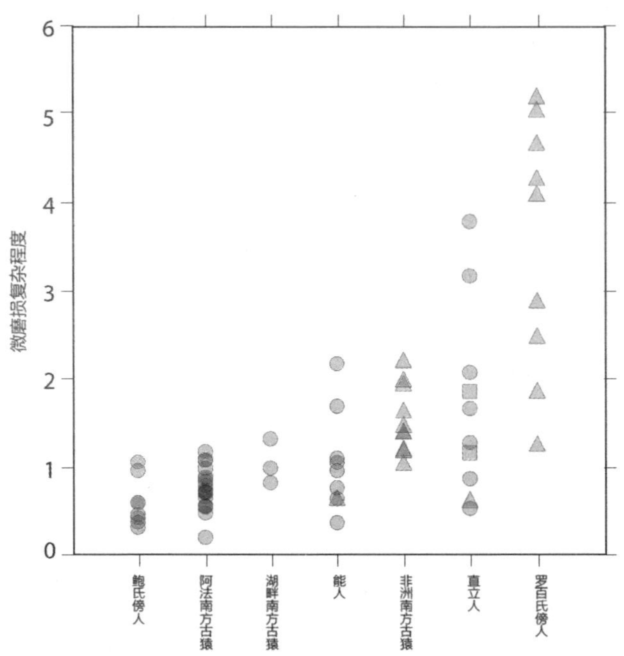

图 5.3　现存猴子和古人类化石的微磨损纹理复杂程度

的图像。一开始，我们用偏振片作底片。我们在暗室里洗出几百张不同样品的照片，并用量角器、直尺或卡尺测量照片上的每一个划痕和凹坑。这个过程漫长而艰巨，测量完一件样本需要花好几个小时。测量误差也是一个问题，特别是刮痕褪色并且与凹坑重叠时（图 5.3）。我测出来的凹坑数量总是比弗雷德·格林多，而格林测出来的又要比马克·蒂福德的多。但好在饮食留在牙齿上的标记足够明显，这些误差可以忽略不计。

然后就是将三维立体图像转化为二维平面图像的问题。像黑白照片一样，显微照片上的灰色阴影会产生立体图像的幻想。正如太阳从东向西照向亚利桑那州的天空，大峡谷的微妙细节会由于地理位置的不同而时隐时现一样，当旋转样品台时，样品表面的细微划痕也会时隐时现。表现三维物体表面的二维图像肯定会丢失一些信息，至于丢失的是哪一部分，则取决于电子束、被测量物表面和检测器之间的角度。

所以将同一张显微照片测量两次，会得到不同的测量数值，除非每次样品的位置和方向完全一样，否则我们为同一个表面拍摄显微照相时，得到的结果也会不一样。

微磨损纹理分析

2001 年，艾伦・沃克突然间给我打了个电话。他察觉到扫描电子显微镜并不是分析微磨损模式的最佳工具，想让我去寻找一个更好的工具。我当然无法对自己曾经的博士后导师说“不”，于是我开始搜索文献。一开始，我找到克里斯・布朗（Chris Brown）的研究成果。布朗是马萨诸塞州伍斯特理工学院的工程师。他开发出一套名为“Kfrax”的计算机程序，主要用于尺度敏感分形分析（scale-sensitive fractal analysis)。这个程序的理论基础是，物体的外观会随着观察尺度的改变而改变。卫星在有利地点观察，一条海岸线可能是笔直的，尽管对于真正沿着海岸线行走的人而言，这条海岸线分明是曲折的。对于一个正在开车的司机而言，行经的道路也许很平滑，但对于一只想要穿过马路的蚂蚁而言，这条路却十分粗糙。布朗认为，在很大程度上，物体的表面结构随着尺度变化的特点使得测量物体表面变得复杂。我认为这套理论十分适用于微磨损研究。回顾第 1 章，我们会发现牙齿作为工具，是在不同的尺度上运作，它兼具粗放的咀嚼功能和精细的碎裂功能。此外，布朗的研究涵盖各种物体的表面结构，从巧克力棒到滑雪板，不一而足。我估计如此不拘一格的人肯定不会拒绝研究牙齿，果不其然，他欣然接受我的邀请。

寻找新的显微镜更令人沮丧。我感觉自己就像金发姑娘①在试床的硬度一样，总是找不到正合心意的那一张。这个的分辨率不够高，那

①金发姑娘出自《金发姑娘和三只熊》的故事。她喜欢不冷不热的粥和不软不硬的椅子，总之是“刚刚好”的东西。

个的观测区域不够大；这个处理不了牙齿弯曲的表面，那个既不适用于透明的环氧树脂复制品，也不适用于不透明的牙釉质。最终，我在偶然之中发现了共聚焦显微镜。它没有扫描电子显微镜上的按钮和旋钮，看起来更像是高中生物实验室用的那种常规的显微镜。但光学共焦显微镜和常规显微镜之间有重大区别，常规的光学显微镜同时照亮整个视野，包括两个焦点位置以及焦平面上下，除非样品完全平坦，否则表面看起来十分模糊。共焦显微镜的工作方式则不同，它把光线聚焦于一点。通过在微小的增量上移动样品，光源在样品内焦平面的每一点扫描，制作数百甚至数千个虚拟切片，将这些虚拟切片组合起来，就可以得到微磨损表面的三维图像。

光学轮廓测量和尺度敏感分形分析相结合，将为我们提供一种新的方式来查看和分析牙齿表面，帮助我们加深对牙齿工作机制的理解。如第 1 章所言，大多数生物为了避免被捕食，自我保护的方式要么是硬化组织，让自身从一开始就很难被咬出裂纹，要么就强化组织的韧性，防止裂纹蔓延。如果咬碎坚硬食物会留下不同形状和大小的凹坑，那么不论放大倍率的高低，表面总会显得粗糙。这样的表面具有复杂的工程学意义。如果咬断坚硬的食物会在咀嚼的方向上留下划痕，表面纹理将具有择优取向。从工程学角度看，这些表面具有各向异性①。

我认为各向异性和复杂性分别是食品韧性和硬度的代表。克里斯·布朗和他的同事也开发出很多方法来测量表面纹理的其他面向。更重要的是，由于纹理分析基于点云的方式运行，所以我们不需要担心三维图像转换为二维图像的问题，也不用担心测量时人为的误差。并且对我们来说，不用手动测量数千个小划痕和凹坑也是一种解脱。随着年龄的增长，我的视力已经下降，总需要眯着眼睛观测，而且我

①各向异性是指物质的全部或部分化学、物理等性质随着方向的改变而有所变化，在不同的方向上呈现出差异。

的智力可能也已经大不如前。

将牙齿微磨损和表面质感测量或计量学结合，这一新方法的前景令人兴奋。我们得到几笔赠款，买了一台仪器，并聘请罗伯·斯科特扫描标本。克里斯·布朗和他的团队开始为分析微磨损修改 Kfrax，马克·蒂福德和我则负责从美国和欧洲各大博物馆的藏品中收集灵长类动物的牙齿印模。研究的第一步，是确认食用硬物的动物牙齿表面的纹理更加复杂，而食用韧物的动物牙齿表面具有各向异性。事实验证了这个推断。平均来说，食叶的灵长类动物牙齿表面有更多的各向异性的细微纹理，食果，特别是食用硬物的动物牙齿表面的纹理更为复杂。

但还有其他问题亟待解决。还记得第 2 章中，塔伊的白枕白眉猴和基巴莱的灰颊白眉猴吗？它们的饮食不同，却都有平坦、厚实的牙齿和强健的下颚。通过微磨损，我们可以更清楚地识别出这些饮食差异。在微观模式下，白枕白眉猴的牙齿看起来像月球表面。它们的牙齿状况比较复杂，和我们期望的一样，显示出专食硬物的特点。但是灰颊白眉猴的下限值偏差，只有为数不多的几个样本表现出略高的水平。这个研究方法非常重要，它开启了一道大门，不仅能使我们获知祖先的牙齿适应哪些食物，而且能了解它们每天都在吃什么，这样一来，对牙齿的研究重点就从饮食适应转变为摄食行为，从而改变了古生物学家看待化石牙齿的方式。

“最后的晚餐”与觅食策略

现在就让我们来仔细看看微磨损是如何形成的。灵长类动物的牙齿通常每年磨损的宽度等于一根头发，即 20 ～ 200 微米的牙釉质。这种程度的磨损看起来似乎并不严重，但由于我们一直在讨论的微磨损的程度通常不足 1 微米，对比之下，这种程度的磨损就显得很严重了。不难想见，随着新划痕的出现，牙齿上的旧有特征会被不断抹去。如果动物全年之中都吃同样的食物，那么其牙齿的磨损方式应该保持不变。旧的划痕和凹坑被同样的划痕和凹坑替代，并没有什么特别之处。但是，如果饮食确实发生过变化，那么新的磨损便会覆盖旧的纹理。到最后，保存在牙齿化石上的微磨损通常只能反映动物生前最后几餐，或者最后几天，至多最后几周吃的食物。

弗雷德·格林把这种现象称为“最后的晚餐”。要推断个体毕生的饮食，这个方法确实有些力不从心，但我们可以利用它来重建物种的觅食策略。回想一下，灵长类动物可以在生物圈自助餐给予的选项中选择，并且这些选项会随着季节甚至年岁的变化而改变。如果个体样本代表其物种在不同时刻下的生存状态，那么只要样本足够大，便能通过微磨损推断出该物种的饮食变化。这样就避开了用扫描电子显微镜微观研究时的测量误差，并且得出的结论更为可靠，从中看到的变化也更具真实的生物学意义。

我记得几年前在堪萨斯州劳伦斯市举行的古人类学家区域会议（包括阿肯色州、堪萨斯州和密苏里州）上，有人展示了黑帽卷尾猴的微磨损数据的复杂性。黑帽卷尾猴栖息在南美洲，和基巴莱的白眉猴一样，它们很大一部分又重新食用坚硬的东西。对于黑帽卷尾猴，硬物主要指坚果和棕榈叶。它们的微磨损复杂性数值的分布看起来与灰颊白眉猴相似：大部分数值都较低，但有几个数值偏高。卷尾猴生态觅食学专家巴斯·赖特（Barth Wright）也参加了这次会议，他在会上给出食物碎裂性的相关数据。食物的硬度值分布与我们在微磨损中的发现一致，当时我确信，对于食物选择、觅食策略及化石物种如何应对不断变化的世界，微磨损确实有助于我们了解其中的细节。

古人类的微磨损纹理

史罗伯·斯科特（Rob Scott）和我最初研究的那些古人类化石，

弗雷德·格林在20世纪70年代末和80年代初也曾分析过。物种之间的差异显而易见，因此它们格外适合微磨损纹理分析。我们的研究结果与弗雷德·格林几十年前的一致，总体而言，傍人牙齿的表面纹理更复杂，南方古猿牙齿的各向异性更大。此外，不同物种牙齿的分散度[①]也不相同。

一些傍人牙齿样本上的微纹理十分复杂，其余的和南方古猿没什么区别。部分南方古猿的牙齿样本上有各向异性的纹理，其余的和傍人的牙齿一样。古人类之间不只是存在区别，它们也有相似的地方。这让我想起克坦贝，当大树结果时，猕猴、长臂猿和猩猩都吃同样的无花果，但它们牙齿和下颌的差异却很大。虽然这些差异与物种长期的饮食变化一致，但当食物供应充足，所有动物都能饱腹时，它们都会选择甜甜的肉质水果。南非的古人类是否也同样如此？尽管南方古猿生活的年代早于傍人，二者之间不存在直接竞争，但用它们来做类比仍然是可行的。也许，这两种古人类都会优先选择软嫩、高热量的食物，但当环境不允许时，它们就会选择坚硬程度各异的食物。或许，这两个物种牙齿大小和形状的差异是由这个原因导致的，而不是由于它们食物喜好的不同。

这与罗宾逊、格罗夫斯、纳皮尔和乔利提出的高度特化饮食的假说相差甚远。傍人的微磨损纹理与黑尾卷尾猴十分相似。大自然赋予它们大而平坦的厚实牙齿和强健的下颌，只是为了让它们度过那些没有软嫩食物可吃的年月？傍人是否是古人类中的莱姆悖论？参考基巴莱的白眉猴或者白河口的大猩猩，事情可能确实如此。

截至目前，我们一直在谈论南非的古人类。东非的状况又如何？那儿也有南方古猿和傍人，只是种类不同而已。与南非一样，东非的古人类在时间上相互分离，南方古猿先于傍人存在。东非的两种古人

②这里的分散度是指数据分散的趋势。

类可以为牙齿微磨损模型提供良好的独立测试。我们从与露西同种的阿法南方古猿开始研究。阿法南方古猿的牙齿微观纹理和南非的南方古猿非常相似，二者微磨损的复杂性都较低，各向异性较大。露西也不是食用硬物的古人类，事实上，东非南方古猿的牙齿微磨损的复杂性低于南非南方古猿，后者的牙齿更大，头骨更厚。

另外，东非傍人的研究结果完全出人意料。我们曾经以为鲍氏傍人是“胡桃夹子人”，若果真如此，那么它们牙齿的微磨损表面应该像斯科特·麦格劳的白颈白眉猴，或者满是深坑的月球表面一样。毕竟，在所有古人类中，鲍氏傍人拥有最大、最平坦，也最厚实的牙齿，以及令人难以置信的强健下颌和大量的咀嚼肌。如果部分南非傍人有复杂的微磨损痕迹，那么东非傍人的表现肯定更加复杂。但研究结果并非如此，在我检查的样本中，东非傍人大多数的牙齿表面只有简单而细小的划痕，连一个复杂的凹坑表面都没有。这实在是没有道理，即使退一步讲，哪怕“胡桃夹子人”真的咬碎了坚果，从牙齿的微磨损上也看不出痕迹。

往昔如异乡

最终，我们设法从非洲大裂谷中恢复的30个古人类样本上获得微磨损记录。它们都有相对大而平坦的牙齿和强健的下颌，南方古猿也不例外，只是程度不如傍人。但是，没有任何样本像硬物食用者的牙齿那样，展示出微磨损表面的复杂性。事实上，对于古人类齿形和微磨损的结合形式，我们没有在现存灵长类动物中发现任何与之相同的例子。白眉猴和卷尾猴的牙齿微磨损与古人类的截然不同。也许，正如L.P.哈特利（L. P. Hartley）的《幽情密使》（*The Go-Between*）的卷首语一样：“往昔如异乡，行事总不同。”

那么，这些牙齿上的纹理是什么呢？让我们回头看看微磨损是如何形成的。我们在第 1 章中了解到，坚硬食物在牙尖和牙槽之间最容易被粉碎，而韧性食物在上下齿冠之间被切断。所以牙齿形状也是影响微磨损的重要因素。还记得吗？当相对的牙齿聚合咬断食物时，研磨食物的牙槽和切断食物的齿尖引导牙齿的运动。如果古人类想吃坚硬的物品，却没有齿尖引导咀嚼，那么会发生什么情况呢？一个可能的方式是，牙齿就像臼杵一样，在相当钝的牙尖和牙槽之间研磨或碾碎坚硬的食物。

如果东非古人类像使用臼杵一样使用它们的臼齿，那么咀嚼表面上可能有四面八方的划痕。而这恰恰是我们发现的现象。虽然存在一些变化，但整体而言，古人类牙齿的各向异性的均值不如现存食叶灵长类动物——如长尾猴和吼猴，它们都具有长而尖锐的齿尖，可以引导牙齿像剪刀一样运动。“胡桃夹子人”会不会其实是“铣床人”？这可以解释为什么它们有大而强健的下颌、大量的咀嚼肌，以及厚而平坦的牙齿，也可以解释为什么它们牙齿的磨损程度如此严重。玛丽和路易斯·莱基发现的东非鲍氏傍人在长智齿时死去，它刚刚成年，但剩下的臼齿已经磨损得相当严重。灵长类动物牙齿的磨损速度一般不会如此迅速，食用硬物的动物不会出现这样的情况，除非傍人用平坦的牙齿研磨食物，只有这样，不合常理的磨损才说得通。

翻山越岭

但如果其他以硬物为食的灵长类动物有齿尖，那么为什么东非古人类没有进化出齿尖呢？我们可以把牙齿的适应性看作山丘和山谷，海拔高度代表适应程度。海拔越高，对给定条件（如食物属性）的适应性越好。自然选择倾向于将物种推向最近的高峰。可能沿线会有更高的山峰，但必须穿越山谷才能到达那里，这需要付出很多的努力。比起让牙齿变薄，齿尖变高，并发育出齿冠，也许抽出更多的牙釉质，使牙齿变厚或变平需要的步骤更少。当然，齿冠和齿刃可能对于剪切富有韧性的食物会更有效，但大自然必须因时因地制宜。只要傍人牙齿比其祖先的研磨功能更强，那么就可能发展出更大、更扁平和更厚的牙齿，因为从南方古猿的起点开始，这座山峰更容易到达。

要检验这个想法，最好的办法不外乎检查硬物食用者牙齿的微磨损状况。这种硬物食用者最好是一种牙齿扁平的现存灵长类动物，但是没有符合条件的灵长类动物，我们只能从其他种类的哺乳动物那里一探究竟。以大熊猫为例，它们的主要食物是坚韧的竹子。与其亲缘最近的动物相比，大熊猫已经发展出更大，更扁平的牙齿，适应于食用硬物。大熊猫的牙齿微磨损模式与东非古人类相似，同样具有中等的各向异性和低复杂性。当然，没人会把熊猫牙齿和古人类牙齿相混淆，所以这个类比并不完美。在存活如今的哺乳动物中，很难找到与古人类牙齿相似的例子。虽然这已是我们凭借微磨损能够做到的极致，但我们还可以利用另一组食痕来开展研究。

碳同位素：重建化石动物的饮食

是否可以借助化学分析动物的饮食？我们在第 4 章中了解到，由于植物利用阳光将二氧化碳和水转化为碳水化合物和氧气的方式不同，热带草本植物中的碳 -13 与碳 -12 的比例，要高于乔木和灌木中的碳同位素的比例。那么以这些植物为食的动物体内的碳同位素比值是否也不相同？同位素比值是否会沿食物链传播，使得动物骨骼和牙齿中的碳同位素比值，与其食用的植物中的碳同位素比值相同？是否碳同位素的比例不会随着时间的推移而改变，因此化石的化学特征可以指示动物的饮食？研究人员很早便开始着手解决这些问题，并在这个过程中，开发出一种全新的方法，用于重建过去活着的动物的饮食。

“太年轻”的玉米

南非的考古学家兼物理学家尼古拉斯·范德莫维（Nikolaas van der Merwe）首先使用同位素分析饮食。但在一开始的时候，范德莫维对用碳同位素重建饮食并不感兴趣。事实上，在 20 世纪 60 年代初，当范德莫维还是研究生时，植物学家还没有弄清楚碳三植物和碳四植物的光合作用途径，而该途径正是我们如今使用碳同位素比值的基础，能帮助我们将热带草、莎草和乔木、灌木、草本植物区分开来。当时的研究人员在考古过程中使用碳同位素测定遗址的年代，并不是为了弄清楚古人类或古生物过去曾经吃过什么。范德莫维是第一个用碳同位素测定饮食的人。虽然他在耶鲁大学的博士论文是使用碳同位素测算史前铁器的年代，但是他在纽黑文习得的技能已经让他做好准备，让他在未来将研究范围扩大，并迈进全新的领域。

20 世纪 60 年代末，在纽约北部的宾汉姆顿大学，范德莫维得到第一份教职。那时候，在这所大学，考古学家的研究重点是这一区域的农业的起源，他们想知道史前人类何时开始种植并食用玉米。考古学家想借助遗址中发掘出的玉米粒推断出结论。这绝非易事，因为比起残留在同一沉积层中的木炭，玉米粒的同位素测年至少要晚了几百年。

就在这时，植物学家找到碳三植物和碳四植物的光合作用的差异。他们意识到作为碳四植物，热带草的碳同位素比值比碳三植物（如乔木或灌木）更高。这实际上解释了为什么范德莫维的古代玉米太“年轻”的问题。事实证明，植物在化学反应过程中排斥重碳，但碳四植物（包括玉米在内）对碳 -13 和碳 -14 的排斥并没有那么严重。正因如此，玉米组织中最终碳 -14 含量比初期的高，而且在一段时间的衰变后，玉米中不稳定的碳 -14 与稳定的碳 -12 的比值高于木炭中相应的比值。

范德莫维不禁由此想到，如果在史前时代，纽约州北部的耕种者大多以玉米为食，那么他们骨骼中碳 -13 与碳 -12 的比例应该高于以前的狩猎者。毕竟，北方的野生植物都是碳三植物，其中碳 -13 的占比相对较小。为了验证这个想法，范德莫维与比勒陀利亚国家物理研究实验室的碳同位素测年专家约翰·沃格尔（John Vogel）开始合作研究。20 世纪 70 年代中期，范德莫维在开普敦大学获得教授职称后返回祖国南非，与沃格尔一起测量史前人类的肋骨。正如他们的预期，狩猎者和耕种者展示出的碳同位素比例的差异很稳定。范德莫维和沃格尔就此开发出一种全新的工具，用于推测过去人类的饮食。

还有一件事也值得一提，那便是除了范德莫维和沃格尔，其他人也认识到碳同位素在推测饮食方面的价值。大约在同一时间，加州理工学院的迈克尔·德尼罗（Michael DeNiro）和萨姆·爱泼斯坦（Sam Epstein）收集了塞伦盖蒂平原蹄兔的稳定的碳同位素数据，而这群蹄兔正是亨里克·赫克的研究对象，和艾伦·沃克用于微磨损研究的样本一致。德尼罗和爱泼斯坦的研究结果表明，在食草的岩蹄兔体内，碳 -13 的含量高于与它们生活在一起的灌木蹄兔。因此，不仅微磨损，碳同位素分析也同样可以区分吃热带草的动物与吃树叶或灌木的动物。这两项研究接连发表在《科学》杂志上。

稳定的牙釉质

回到南非后，范德莫维继续与同位素和饮食相关的研究，并成立了自己的实验室。他在开普敦大学建立了一个研究小组，小组中有一个名叫朱莉娅·李 - 索普（Julia Lee-Thorp）的学生，她对利用稳定同位素推测化石生物的饮食的方法很感兴趣。那时没有人知道这种做法是否奏效。生物从死亡，再到它们的骨骼或牙齿被古生物学家发现，这之间可能会发生很多事情。埋藏的骨骼和牙齿可能会随着土壤的湿度、酸碱度、热量，以及因暴露于微生物和无机化合物中而发生显著变化。这些因素对同位素比值会有怎样的影响？在加州大学洛杉矶分校，德尼罗（DeNiro）和玛格丽特·肖宁格（Margaret Schoeninger）的观测结果便是一个很好的例子。他们在探测人类骨骼的碳同位素时发现，在墨西哥特瓦卡山谷的古代人类的骨骼中，不同样品碳 -13 与碳 -12 的比值各不相同。他们认为，一定有来自大气层或地面的碳元素污染了骨骼。一些研究人员还因此质疑用碳同位素研究饮食的可靠性。

但是李 - 索普和范德莫维仍然在坚持这项研究。毕竟，稳定碳同位素分析的确能够区分玉米耕种者和他们的先辈——纽约州北部的狩猎者。他们努力开发出一种能去除环境污染的技术，并尝试研究其他物种。这一次，他们的选择是形成于 300 万年前的长颈鹿和羚羊的骨骼化石。如今与它们相似的生物都是纯粹的食叶动物。虽然碳同位素比值对食叶动物的预测没有预期中的准确，但没有人会将它们与食叶的化石动物相混淆。这个过程中，预处理起了很大的作用。更妙的是，李 - 索普和范德莫维这一次从测量骨骼转为测量牙釉质中的同位素，这样一来，几乎完全消除了化学变化对测量结果的影响。到 20 世纪 80 年代末，人们已经明确，牙釉质中的稳定碳同位素比值长时间不会改变。制造牙齿的碳从根本上来自牙齿发育期间食用的食物，所以牙釉质中的稳定碳同位素比值确实可以告诉我们生活在数百万年前的人的饮食。

分析古人类的牙齿是接下来的研究中一个重要的环节，关键在于要展示出这项技术的潜力。我们祖先的化石是稀有的无价之宝，是全人类的遗产。但同位素测量必须从齿冠上撬取或凿出一片釉质，将其研成粉末，浸染在酸中，然后用质谱仪分析。在 20 世纪 80 年代，这个过程要消耗一大块釉质，大到足以覆盖半个齿尖。为了探寻古人类生活的证据，我们会不会毁掉后代的遗产？毁掉一片珍贵的牙釉质值得吗？除非我们肯定这样做会得到宝贵的信息，否则就不值得冒险。而现在，这种研究方法的价值已经初露端倪。

李 - 索普从斯瓦特科兰斯的傍人开始研究（图 5.4）。格林最初对微磨损的研究表明，傍人可以食用植物的坚硬部分，比如坚果或生长在地底下的菜根。这些都属于碳三植物，碳 -13 与碳 -12 的比值较低。如果古人类以这些植物为食，那么它们牙釉质中的碳 -13 与碳 -12 的比值应该也相应较低。但是，测量结果并不符合这样的预期，实际上，因为傍人有食用碳三植物的习惯，傍人牙釉质中的碳 -13 含量高于碳 -12，而且可以肯定，这个结果并非是受到污染的影响。出土傍人化石的遗址中也出土了弯角羚和狒狒的化石，与其现存亲缘较近的生物一样，它们体内碳 -13 的含量也较低，但它们并不是食叶动物。事实上，碳 -13 与碳 -12 的比值表明，古人类体内的碳元素中有 25% 来自碳四植物。是否当时草原的蔓延使得傍人开始以碳三植物为辅食？除此之外，李 - 索普还想到另一种可能性——另一种可以获得碳四植物信号的途径是吃

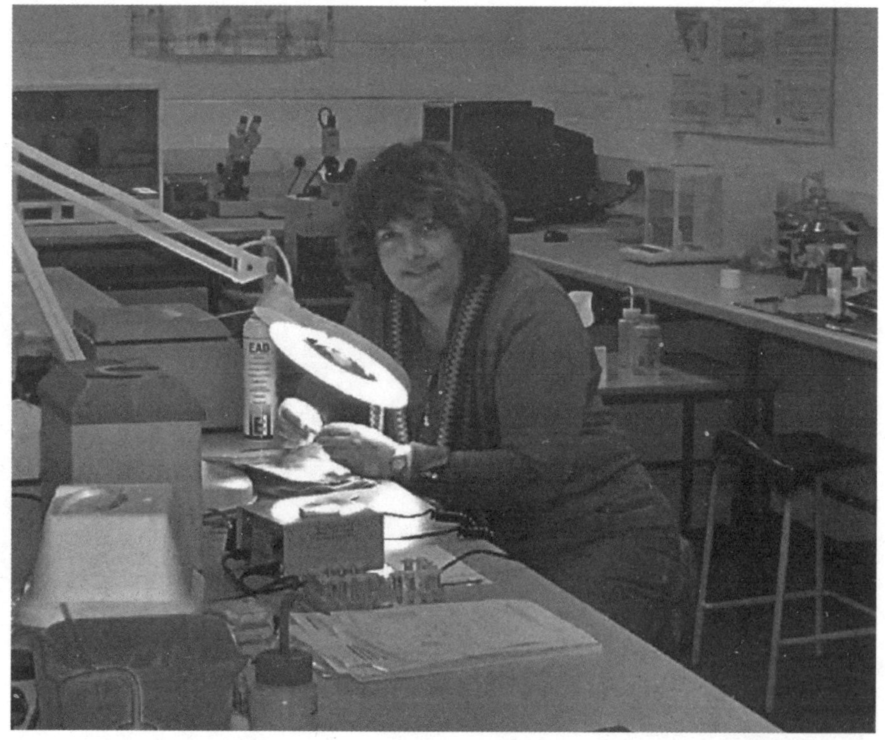

图 5.4　朱莉娅・李 - 索普为一个南方古猿的牙齿抽样，以分析稳定的碳同位素

掉食叶动物。毕竟碳元素可以从植物转移到食叶动物，再从食叶动物转移到食肉动物，所以食用食叶动物的结果和直接食用食草动物的结果一样，也会在牙齿上留下同等数量的碳-13痕迹。如此一来，也许傍人的饮食中便包括了肉类，毕竟它们的大脑容量高出猿类的平均标准，需要补充更多的能量。而对于灵长类动物而言，草本植物并非补充能量的最佳来源，相比之下，肉类更容易消化。

在接下来的几年里，越来越多的南非古人类化石样品被送到李-索普的实验室。李-索普与罗格斯大学的研究生马特·施蓬海默（Matt Sponheimer）一起合作，研究出土于马卡潘斯盖的南方古猿牙齿的碳同位素。范德莫维从斯泰克方丹获得了大约50个南方古猿的样本，除几个早期人属外，其余都是南方古猿和傍人。他们一颗接着一颗地检查牙齿，大致结论没什么变化：这些古人类主要以碳三植物为食，但同时也食用了可观的碳四植物的衍生物。如此一来，几件事情逐渐清晰起来。首先，南非的古人类与黑猩猩不同，它们不仅食用大量的乔木和灌木，也食用草本植物，也许还食用一些食叶动物。其次，南方古猿和傍人的牙齿相似，它们的碳同位素比值与碳三植物和碳四植物的比值一致。如果它们的饮食不同，那么只能说明它们的稳定碳同位素比值在检测范围之外（图5.5）。

东非古人类

但东非古人类又如何呢？在达累斯萨拉姆、内罗毕和亚的斯亚贝巴[①]，古人类化石保护区的管理员十分警惕具有破坏性的取样，为了说服他们，研究者花了很长时间，才得以让他们为同位素研究大开方便之门。20世纪90年代，李-索普开发出一种技术，使得同位素研究取

①达累斯萨拉姆是坦桑尼亚的首都，内罗毕是肯尼亚的首都，亚的斯亚贝巴是埃塞俄比亚的首都。

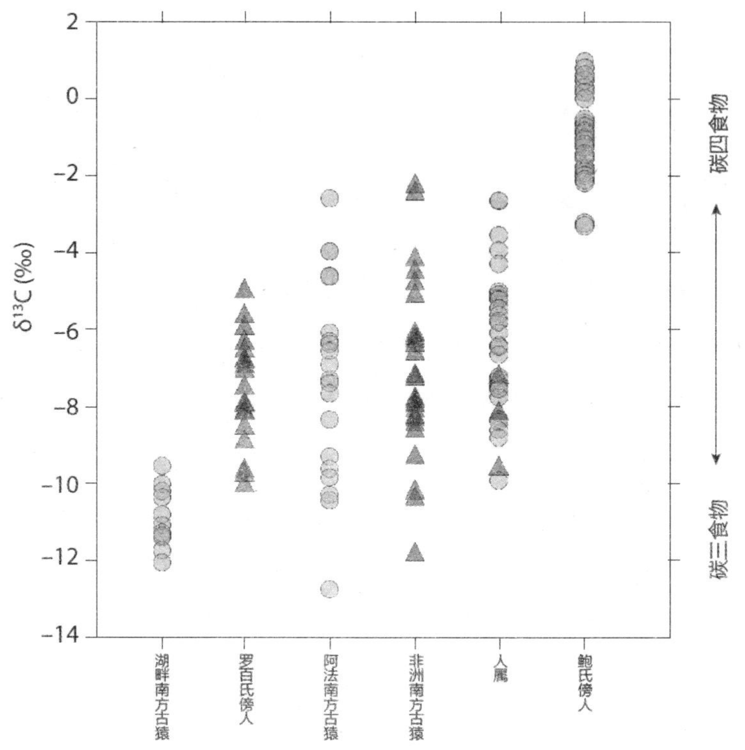

图 5.5　上新世古人类的碳同位素

灰色的圆圈代表东非古人类，黑色的三角形代表南非古人类。图片经作者许可，改自马特·施蓬海默等的文章《早期古人类饮食的同位素证据》(*Isotopic Evidence of Early Hominin Diets*)。

样仅仅需要白糖粒大小，而且只在牙尖断裂处采样。于是在 20 世纪末，保管人员终于松口答应研究人员的采样申请。

2008 年，范德莫维及其同事发表了第一份东非古人类的同位素数据。他们的样本来自坦桑尼亚，虽然只有包括两个傍人和三个早期人属在内的 5 个样本，但分析结果依然令人惊讶。东非傍人体内碳 -13 与碳 -12 的比值高于南非傍人，这可能缘于它们的饮食中有更多的碳四植物。仅凭有限的两个物种的样本推导结论未免有些以偏概全，但这个结果还是值得关注，特别是它们的分析结果似乎和南非古人类的标准不太匹配。第二年，蒂姆·怀特和他的同事发表了他们对地猿的碳同位素研究结果。地猿大约生活在距今440万年前，是在埃塞俄比亚发现的人科中非常早期的一属。地猿的碳同位素比值也与南非古人类不同，它们的分析结果正好与东非傍人相反，显示出饮食中缺乏碳四植物的特征。也许在地猿生活的年代，古人类还没有从森林或林地向开阔草原迁移。

突然之间，研究人员发现所有古人类的同位素比值都不一样。他们发现可以用碳同位素比值来区分不同的物种，并开始考虑这些差异意味着什么。但是要得到一个确定的结果，这些数据还远远不够，还有许多生活在东非的物种等待我们去分析。已经成为科罗拉多大学教授的马特·施蓬海默和图勒·赛凌打头阵，从傍人开始逐个展开分析。他们想要知道，范德莫维得出的数据是物种的典型特征，还是说只是几个奇怪的异常值。施蓬海默和赛凌从肯尼亚抽取了二十几颗牙齿做检查，结果一目了然：来自东非的傍人的确与众不同，对傍人而言，热带草或者莎草并不是辅食，而是在饮食比例中至少占到四分之三的主要食物。

随着越来越多的东非人种成为研究样本，古人类的三种模式逐渐浮出水面：地猿和最早的南方古猿（湖畔南方古猿，距今420万～390万年），它们的碳同位素比值较低，显然像黑猩猩一样以乔木和灌木的部分植株为食；稍晚期的阿法南方古猿和南非的早期人属相仿，二者都是杂食动物。我们之前已经说过，即使是更晚期的鲍氏傍人，也有迹象表明它们以热带草或莎草为食。也许从400万年前开始，人类就开始依赖热带稀树草原上的食物，随着时间的推移，热带草和莎草在饮食中愈发重要，最终在傍人的饮食上达到顶峰。这个故事相当有趣，但真实情况可能并非这样简单，至少在南非，情况要更复杂，因为在南方古猿和傍人的化石样本中，它们的平均碳同位素比值十分相似。

进化的“混战”

现在，我们不但知道南方古猿和傍人的碳同位素比值和微磨损模式，而且也有来自南非和东非大裂谷的样本。我们有它们的化石遗骸，并且基本了解牙齿形态和功能的关系，或牙齿的工作方式。我们知道牙齿在食物选择中扮演的角色，以及不同栖息地里的食物可用性如何影响这一作用。而且，我们已经看到气候变化在较长时间段里的起起落落，以及这些变化如何改变古人类所在的世界，影响生物圈中的食物供应。现在，让我们把所有零散的证据摆在桌上，看看如何把它们整合在一起。

事情比罗宾逊、托拜厄斯、乔利、格罗夫斯和纳皮尔想象得复杂许多，当我们为拼图添加碎片时，缺失的部分好像越来越多。科学研究有时就是这样。18 世纪伟大的哲学家康德曾写道：“每一个以经验为基础的答案都会产生一个新的问题，这些问题同样需要答案。”食痕为我们提供新的优势，但当我们到达山巅，会看到远处有座更高的山峰，需要我们继续攀登。随着新事实的出现，过去的论断变得越来越混乱。但这是个不错的兆头，很可能意味着我们是在正确的轨道上行进。如今，地球系统（特别是生物圈部分）错综复杂，彼此之间相互关联。我们祖先生活的世界也必定如此，当我们在纷杂的事物中再加上时间的元素，整个系统自然会变得更加复杂。

这个故事之所以复杂，部分原因是不同元素在不同时间尺度上代表不同的饮食。同位素分析告诉我们，古人类牙齿形成时是食用碳三植物还是碳四植物，或者两种食物都吃。古人类牙齿中的碳元素可能来自植物，也可能来自食叶动物，或两者兼而有之。微磨损可能会让我们知道古人类在死亡前的几天或几周内是否食用坚硬或柔韧的食物。另外，牙齿尺寸、形状和结构可以提供牙齿潜能的信息。古人类真的能够食用特别坚硬或费牙的食物吗？不同的证据链既不需要也不应该提供相同的细节，但是我们需要所有的细节才能拼凑出全图。

所有不同种的古人类都有大平厚的牙齿、强健的下颌和发达的咀嚼肌，但各自的进化程度不同。与南方古猿相比，这些牙齿特点在傍人那里发展到极致。传统的智慧让我们相信，牙齿、颌骨尺寸和形状的变化意味着，在草原向非洲东部和南部扩散时，从南方古猿到鲍氏傍人，牙齿逐渐特化，向咀嚼硬脆食物的方向发展。当然，事实并非如我们描述的那样简单。但是，这个基本框架里有故事开始发生的地点及背景，可以解释那些令人困惑的，看上去似乎前后矛盾的食痕。

东非和南非的早期古人类属于相同的物种，但在某些样本中，它们的微磨损和碳同位素比值有所不同。东非的南方古猿和傍人的碳同位素比值不同，但微磨损类型相同；南非的南方古猿和傍人的微磨损类型不同，但碳同位素比值相同。这一切证据表明，在南非，古人类的碳三植物和碳四植物的饮食比例没有因时间的推移而改变，但作为备选食物，它们食用的硬物的比例在增加。当我们比较这些古人类的牙齿和颌骨时，这个结论合乎情理。对东非古人类而言，食痕表明它们食用草原食物的量在增加。如果食用草或莎草需要更高强度的研磨，那当我们用不同的方式比较牙齿和下颌时，这个结论也站得住脚。因此在上新世到更新世期间，研磨似乎是东非古人类，尤其是强壮古人类的咀嚼方式。从划痕判断，它们牙齿的磨损速度很快。

大自然似乎在用同一个方案解决不同的问题。傍人牙齿和下颌的特化程度更高，能够咬碎栖息地中机械挑战程度更高的食物——在南非是坚硬的食物，在东非是韧性高的食物。这一点我和我的同事们未曾预料，或者认为它是可能的。但是，如果我们换个角度，考虑适应性地形[①]和人类发源地，那么这个模式也不无道理。请记住，大自然提

①美国学者赖特 (S. Wright) 在 1932 年用地形模型来形象地描述生物的适应性。该模型用峰表示高适应性，用谷表示低适应性。地形中的每一个位置由具有特定频率的基因型所占据。

供的生存原料有限，个体只能顺应环境。

问题在于，为什么东非南方古猿和傍人的微磨损模式没有区别，南非南方古猿和傍人的碳同位素比值又大致相同？这个问题如何与解剖结构的改变相协调？也许，我们可以用一个广为人知的概念来解释这个问题，那便是进化生物学中的红皇后假说（Red Queen hypothesis）。在刘易斯·卡罗尔（Lewis Carroll）的《爱丽丝镜中奇遇记》（*Through the Looking Glass*）中，红皇后告诉爱丽丝："现在，这里，你好好听着！你必须拼命奔跑，才能保持原地不动。"在竞争者、捕食者或猎物的压力下，许多物种会随着时间的推移变得越来越善于谋生。理查德·道金斯喜欢用伊索寓言中兔与狐狸的故事来说明这个问题。这就是我们在第 1 章中讨论的进化军备竞赛。解剖学意义上的细微改变不一定意味着饮食变化，有时候，物种牙齿和下颌的改变只是为了可以食用它们想吃的东西而已。

我们回头看看第 3 章中巴斯·库克的化石猪。随着时间的推移，化石猪的第三臼齿越来越长，这是一个规律变化，因此库克用它来计算化石地层的年代。库克认为，这是由于热带草原在东非和南非的扩张，所以猪才进化出更大的牙齿，以便咀嚼需要研磨的草食。图勒·赛凌和他的同事约翰·哈里斯（John Harris）发现，至少在大型猪科动物中，某一分属 Sivachoerus-Notochoerus[①]牙齿中的碳 -13 比例较高，说明晚期的物种的确食用了更多的碳四植物。这也是我们在东非古人类上发现的模式，至少同位素的证据表明确实如此。

另外两个猪的分属巨疣猪（*Metridiochoerus*）和阴野猪（*Kolpochoerus*）的模式却不同。它们从一开始就吃碳四植物，并一直保持。但随着时间的推移，它们的牙齿仍然变得越来越长，并且在很大程度上，它们对草的适应性可能高于一直吃坚韧耐磨的草食的同类

① Sivachoerus-Notochoerus 为一种猪的学名，无对应中文俗名，现已灭绝。下同。

动物。所以在一些种群中，愈加特化的解剖结构会与饮食变化相匹配，但在另一些种群中却未必如此。也许在上新世到更新世期间，东非的古人类吃韧性高的食物，而南非古人类增加了对坚硬食物的消耗。相比较而言，东非的古人类从食用碳三植物转而食用碳四植物，但在南非，这两类植物在古人类的饮食结构中保持稳定。在这两种情形下，无论食物坚硬还是柔韧，无论牙齿变化表示饮食改变还是趋同，更大、更厚、更坚固的牙齿和下颌都能更好地咬碎食物。

这一切就像进化的"混战"：一些古人类的饮食类似，牙齿和下颌却不同；而另一些古人类的饮食不同，牙齿和下颌却相似。这个结果出乎所有人的意料。但如果我们像生态学家一样思考这个问题，那么很容易预见这个结果。想想现存的灵长类动物，对比一下基巴莱的红尾长尾猴和白眉猴，或者对比一下塔伊森林和基巴莱的白眉猴，那么这一切就都讲得通。基巴莱的两种猴子在大部分时间里吃相同的食物，但它们的牙齿和下颌却不相同，而两个不同地点的白眉猴尽管有类似的牙齿和下颌，但它们的饮食却在大多数时间里都非常不同。在这些情况下，仅凭牙齿和下颌的尺寸和形状不足以了解它们如何使用牙齿，我们还必须观察个体实际上的吞食方式。我们当然不能看到活生生的古人类如何吃东西，但它们的牙齿上留有食痕，正如本章开始所说，那是我们通向过去的舷窗。

我们这变化的世界

将古人类的牙齿形状和食痕匹配，可以帮助我们了解它们的饮食，却不一定能帮助我们理解它们为什么选择这些食物。因此我们需要种种由进化论发展出来的假说或概念，譬如莱姆悖论、适应性地形和红皇后假说。我们已经知道，特化的牙齿可以反映一种特化或者具有普适性的饮食，这是因为自然选择倾向于应对食物中最大的挑战，而不太关注这些食物在饮食中的占比；牙齿可以通过进化适应新的食物，或进一步加强原有的功能，比如齿冠形状的改变可以提高咬碎食物的效率；在早期齿型的基础上，给定的牙齿形状可以进化为不同的形状以适应不同的用途。现存哺乳动物为我们提供了很多例子，而这些在每一种古人类身上也有所体现。至少我个人认为，根据食痕，我们可以得出上述结论。

以上这些变化如何与非洲随时间变化的气候相协调？又如何与第 4 章中，德梅纳克、赛凌、波茨和马斯琳所说的栖息地变化相关联？回想一下，在人类的进化过程中，环境并非简单地从温暖潮湿变得寒冷干燥。我们已经了解到，气候变化随着日地之间关系的循环变化而改变。这意味着不同的地方有不同的环境，这一切都是我们不安分的星球带来的影响，特别是板块运动对区域和局部地形地貌的影响。随着时间的推移，非洲的气候确实趋于寒冷干燥，但气候和栖息地类型的转变也越来越剧烈。

至于达特最初设想的热带稀树草原假说，根本无法解释古人类牙齿形态和食痕的组合。但是气候在不同时间、不同地点会反复波动的理论是合理的，毕竟牙齿向更大、更平坦厚实的趋势发展，而下颌也越来越强健的现象缺乏单一的解释。如果这些大平厚的牙齿意味着一种特化或者具有普适性的饮食，意味着可以应付坚硬或高韧性的食物，那么在封闭的森林或开阔的草原环境中，为了适应环境，只有傍人才有这样的进化，使得其牙齿和下颌足以应对所有的饮食。“胡桃夹子人”的特化程度非常高，它们生活在越来越不可预知的世界里，在极富挑战性的环境中生存超过 100 万年的时间，我们应该为他们感到幸运。

但这只是故事的一部分。接下来，人属中最早期的成员将要出场，在应对世界变迁的过程中，他们掌握了完全不同的方法。

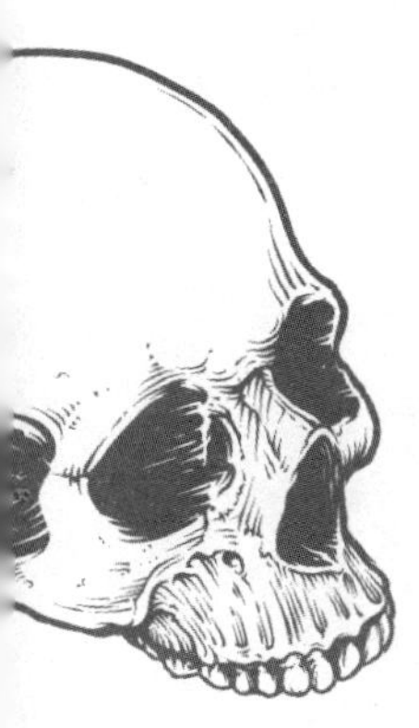

第 6 章　人之为人

埃亚西湖是个富有田园诗情的地方。它坐落在东非大裂谷的谷底，距离奥杜瓦伊峡谷的直线距离不到 20 英里。今天居住在湖边的哈扎人，是非洲仅存的以狩猎采集维生的民族。他们的食物来源几乎完全仰赖旷野。这个部族创作了一个美好的故事：太阳神艾少蔻将一群狒狒分成两组，派其中一群去取水，另一群收集食物，然后带回来给大家分享。过了一段时间，采集食物的狒狒带着吃的回来了，但去取水的狒狒却不见影踪。艾少蔻四处找寻，终于发现它们在远处的溪流中饮水嬉戏。于是她奖励了那些带回食物的狒狒，让它们成为哈扎人，而其余的狒狒则注定成为哈扎人最爱的猎物。

人之何以为人？这是古人类学追寻的终极问题。多年以来，研究人员从未停止探索。提起人类与其他动物的差异，很多人会想到艺术、语言、自我意识或同理心，但是当我问到吉德鲁山上僧加里营地里的哈扎人男女与我们的区别时，上述所有选项都不在我们的考虑范围之内。直到今天，哈扎人仍然和他们世世代代定居于此的祖先一样，是广袤生物圈中的组成部分，饥饱取决于自然的供给。我们其余的大部分人没有意识到，是我们的祖先选用的食物使得人成为人。不过这并不奇怪，毕竟我们如今吃的肉包裹在塑料薄膜中，蔬菜则被真空包装在铝罐里。

古人类学家非常重视这个问题：更新世的环境触发了某些根本变化，我们的祖先如何调整，从而谋生？无论是狩猎，还是采集、加工食物的新工具，还是烹饪使得人类成为人类，总之不管哪种情况，饮食总是故事的核心。在这一章中，我们要从牙齿、饮食和世界变化的角度出发，考虑是什么使我们成为人类。但在这里，我们除了追求终极问题的答案外，还会提到更多有趣的有关科学家探索和追寻答案的故事。让我们转回奥杜瓦伊峡谷，到哈扎人家园的北面去看一看。

最早出现的古人类

奥杜瓦伊峡谷坐落于塞伦盖蒂平原东部边缘，是一片自然雕刻而成的开阔盆地。峡谷的主要部分长达 30 英里，从恩杜图湖向东，一直延伸到恩戈罗高原的上坡面。奥杜瓦伊峡谷虽然不是普通意义上的峡谷，但有些地方还是很陡峭，切割深度达到 300 英尺——历经悠悠岁月，200 万年前的古河流和古湖泊的沉积物被侵蚀。在今天的大部分时间里，谷内炎热而干燥，只有偶尔经过的马赛山羊或牛群能带来一点声响。但对于古人类学家而言，这是一个神奇的地方，峡谷表面有道道细小的冲沟，动物化石和石器被侵蚀暴露在地表。

从 1931 年起，路易斯·利基就在奥杜瓦伊峡谷中收集骨骼化石和石制工具。除了几件零零散散的碎物之外，他最想找到的，还是石器制造者本身。1959 年，利基的妻子玛丽在这里找到“胡桃夹子人”的头骨。两人的次子理查德在回忆父亲当年的工作时如是说道：“他不仅知道那里有石器，也知道这些石器是人为制造的。所以他一发现古人类化石，便推定那些石器是他们制造的。”

乔尼之子

在发现“胡桃夹子人”的第二年，理查德的长兄乔纳森又有一个重大发现。当时他独自寻找化石，在附近的岩沟里偶然发现一个剑齿猫的下颌。利基的团队在发现这块化石的周围搜索碎片，进行筛选，并挖出一条沟槽。他们本想寻获更多剑齿猫的骨骼化石，不料竟发掘出一个古人类学的金矿。这里与玛丽发现第一块头骨化石的地方只有几百米远，乔纳森在这里发现了一大堆大块的骨头，包括第二个古人类头骨、一个带牙齿的下颌和几节手骨。路易斯和玛丽把新发现的样本命名为“乔尼之子”。虽然他们只找到颅骨两侧的化石，但这个新发现的脑壳明显大于“胡桃夹子人”的脑壳。与玛丽发现的第一个头骨相比，它的下巴细长，牙齿又窄又小，是一个与人类更加相似的新物种。这进一步证明约翰·罗宾逊十年前在斯瓦特科兰斯的发现：在更新世早期，奥杜瓦伊峡谷出现了两种古人类，一个颌骨和牙齿较大，另一个相对较小。后者的颌骨和牙齿无论是尺寸还是形状，都更接近人类。

在接下来的三年里，利基家族在奥杜瓦伊峡谷发掘出更多的古人类化石。菲利普·托拜厄斯受到路易斯的邀请，描述和分析其他新发现的头骨和牙齿。不过，托拜厄斯当时正在研究“胡桃夹子人”，所以他把这项工作交给约翰·纳皮尔。纳皮尔曾经研究过灵长类动物化石的手骨，这些手骨化石还是十年前，利基团队在维多利亚湖的鲁辛加岛发现的。1964 年，利基夫妇和纳皮尔三人详细描述这一新发现的物种，并为它命名。这个新物种的大脑是黑猩猩的两倍，脑容量比“胡桃夹子人”多出 25%。此外，它的牙齿小而窄，手骨与人类非常相似。当你握住一支铅笔时，可以注意拇指和其他手指指尖的相对位置，“乔尼之子”也可以用相同的姿势握笔，而相比之下，黑猩猩拿铅笔的样子更像我们拿车钥匙。只要尝试用这两个姿势书写，你就会明白它们在精度上的差异。路易斯确定新物种的大脑更大、牙齿更小、手指更灵活，因此他认为，奥杜瓦伊峡谷里的石器是这个新物种，而不是“胡桃夹子人”的杰作。为了强调这一点，他和他的同事将这个新物种命名为能人（*Homo habilis*），这个词在拉丁语中的意思是“有能力的”“敏捷的”“心智上富于技巧”“有力的”。

属的定义

为新物种命名是一件大事。约翰·罗宾逊在 20 世纪 60 年代初意识到，他和罗伯特·布鲁姆在斯瓦特科兰斯发现的开普猿人与人类相似，更应该归类于直立人。在他看来，直立人似乎是由南方古猿直接进化而来的，两者之间没有过渡物种。

将新物种纳入人属是一件更为重大的事情，利基和他的同事必须为此重新定义人属的含义。在当时，大多数研究人员认为，直立人应该是人属中的一支，毕竟它的脑容量有大约 1000 立方厘米，是南方古猿的两倍，人类大脑的四分之三。但是能人是否属于人属呢？人们普遍认为，它们的脑容量不及人类大脑体积的一半。然而利基和他的同事认为，能人细小的牙齿，灵巧的手掌和石制工具说明，它们的生活方式是全新的，与人类更为相似。能人的研究者相信，无论它们的脑容量是大是小，上述特征已经证明它们是人属的一支。

把能人划入人属的意义是什么？为了回答这个问题，我们需要回溯到十年之前。1950 年，在冷泉港[①]定量生物学研讨会上，进化生物学的领军人恩斯特·迈尔（Ernst Mayr）直接提出了这个问题。在那时，每发现一个新的古人类，人们差不多都会赋予它一个新的名字（图 6.1）。当时已经命名的古人类种属多达十几个，大多数情况下，这些命

①美国纽约州萨福克县的一处村镇，位于长岛北岸。

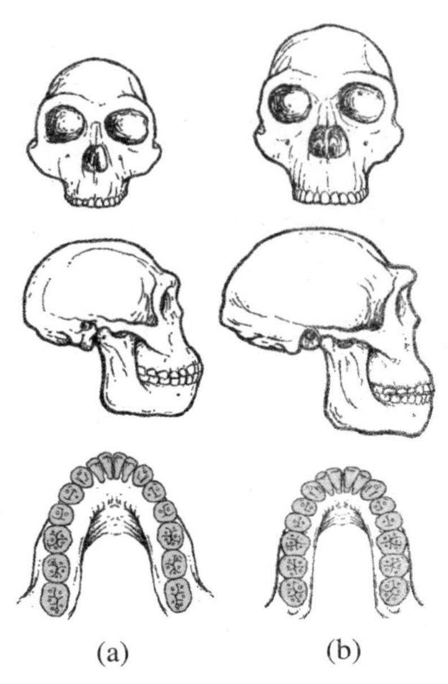

图 6.1　古人类的头骨和牙齿

(a) 能人和 (b) 直立人的头盖骨与下颌骨重建。图片来源于约翰·弗利格尔。

名方式都缺乏逻辑,没有任何根据。“够了!”迈尔喝止了乱象。他认为,当时所有已发现的古人类都应该归于人属，而人属又分三个不同的种：德兰士瓦迩人（包括南非的南方古猿和傍人）、直立人和智人。虽然当时很少有人乐意遵从这个提议，但是迈尔确实提出了一个值得关注的重点：要独立成属，就必须要有证据的支撑。

迈尔将属定义为密切相关的物种群体，但他也认为，同一属的生物必须有可以和其他属的生物区分开的，共同的基本生活方式。它们必须在生态位上共享栖息地。对于迈尔而言，人属的定义是直立的姿势和双腿行走；对于其他许多人而言，人属的定义则是较大的脑容量和由此产生的智慧。但是对于利基、托拜厄斯和纳皮尔而言，能人制造的石器突破了上述定义的界限。这些石器开辟了一种新的生活方式，意味着能人与周围的世界建立了新的关系。关于这一点，它们灵巧的手掌和小小的牙齿便是明证。

究竟有多少种古人类?

自从利基团队首先在奥杜瓦伊峡谷发掘出“乔尼之子”后，田野古生物学家就从未停止对更新世早期沉积层的彻底搜寻。在过去的 50 年里，他们至少发现了几十个既不属于南方古猿，也不是直立人，而是介于两者之间的标本。当今大多数古人类学家均认同这个看法，即罗宾逊以为南方古猿和直立人之间缺乏空间的认识显然有误。事实上，至少有大概两个物种处在南方古猿和直立人之间。但我们是怎么知道的呢？化石并非带着标签凭空从地面钻出来。我们将它们放在桌子上，与之前发现的其他样本进行比较，看看牙齿是否足够相似，是否应该被分类为同种或同属。有一些规则是学界普遍认可的，但是研究人员解释这些规则的方式不尽相同，经常需要他们做出个人判断。这可有些麻烦，毕竟没有任何两个个体完全相同，这可能会混淆相邻的物种。

应该在哪里划定界线呢？迈尔认为，同一时间里不可能存在两种古人类。但现在大量相反的证据不容我们忽视。究竟有多少种古人类？我在阿肯色州有一个名为迈克·普拉夫坎（Mike Plavcan）的同事，他曾经测量过一群长尾猴的牙齿，想看看自己是否可以按照物种将牙齿分门别类。这些猴子亲缘相近，其中好几种共同生活在撒哈拉以南的非洲森林中。虽然它们体量相似，但是从遗传学的角度来看，他们又截然不同，无论是长相、声音还是行为，它们都不像是同一个物种。他的实验就好像把一大堆牙齿扔进一个大纸袋里摇匀，然后倒在桌子上，看看排序的情况如何。结果普拉夫坎发现，牙齿间相互重叠的部分实在太多，他根本无法为它们排序。如果我们依靠基本的牙齿测量连现存的猴子都无法区分，又怎么能建立起信心，通过化石牙齿为物种分类呢？

还好，牙齿测量不只是测量齿冠的长度，通常还可以通过观测凹凸的沟槽，区分不同种类的牙齿。出土时附在头骨上的牙齿也有帮助，而且有些物种比其他物种更容易辨别。我们自会尽力而为。但是普拉夫坎的练习解释了一件事，那就是古人类学家为何不能通过一堆化石牙齿轻易判断出物种的数量，或者哪颗牙齿属于哪个物种。即便如此，许多研究人员仍旧认为南方古猿和直立人之间存在两个物种，一个是能人（240 万～ 140 万年前），另一个是卢多尔夫人（可能存在于 190 万～ 180 万年前）。虽然能人出现在直立人(189 万～ 14.3 万年前)之前，但两者至少有着 50 万年的重叠期。由于缺少足够的标本，很难获知卢多尔夫人的具体情形，这个物种似乎与能人相似，但又不尽相同。

人属的过渡时期

演员表已经确定，登台表演的是至迟出现在更新世的古人类。我们握有石头工具，许多人把这看作处在萌芽状态的新适应带的证据。但我们如何利用这些证据来研究是什么使我们成为人类？为了探索古人类的行为，围绕石器史前工具，还有我们散漫的祖先遗留下的耐用的“垃圾”，考古学家开发出一整套学科来展开研究。虽然猴子和猿猴可能因为无法制作石头工具而不能成为优良的参照模型，但我们可以在人类中寻找参照物，找到那些仍在狩猎和采集野生食物的群体，比如哈扎人。有许多事情都可以区分人与猿的适应带。研究人员从一开始就注意到，其中一个重要因素是，人类的狩猎采集者吃的猎物越来越多，也越来越大。

碎片的意义

在我们发现奥杜瓦伊峡谷的能人之前，人们普遍以为肉食在人属中占据着重要地位。回顾第 3 章，约翰 · 罗宾逊在发现开普猿人后，将它们的肉食习性作为叙述的核心。旱季变长，导致我们的祖先开始狩猎，制造工具，并发展出更大的大脑，借此走过南方古猿的进化阶段。路易斯和玛丽·利基一开始认为，是猎人猎杀了猎物，遗留下破碎的骨头，散落在奥杜瓦伊峡谷的“生活地层”上。这与雷蒙德·达特为南非的遗址所做的假设如出一辙。但此一时，彼一时。当鲍勃·布雷恩更加仔细地观察南非地区的复原骨骼，就发现这些人类看起来更像是其他动物的猎物，而不是他们以为的猎人。

奥杜瓦伊峡谷的样本与南非的固然不同，但是，乔纳森发现的人类化石毕竟没有用手拿着石头工具，也没有用牙咬着动物骨头。无论是露出地面，还是从地下挖掘到的一切，都是散落的碎片。想象古人类制造工具和猎食动物并不困难，但要获得真正意义上的证据，则还有更多的工作要做。当然，一旦有人弄清楚如何解读碎片，散落在类似奥杜瓦伊峡谷这样的遗址上的牙齿、骨骼和工具就可以为人类祖先的生活提供重要的线索。

南非出生的考古学家格林·艾萨克（Glynn Isaac）是这项工作的领军者。1961 年，他获得剑桥学士学位还没几个月，就被路易斯·利基任命为肯尼亚史前遗址的看护人。这是艾萨克与利基家族的长期合作之始，它将一直持续，直到 1985 年艾萨克不幸逝世为止。1966 年的艾萨克还在伯克利工作，但他经常返回肯尼亚，主要是待在图尔卡纳湖东部的库彼福勒，与路易斯和玛丽的儿子理查德合作研究。就是在那里，格林·艾萨克一边寻求证据，一边完善他的家庭基地假说。

他开始汇编一份清单，罗列人类和其他灵长类动物的差异：人用两条腿走路，带着工具、食物和其他东西，从一个地方走到另一个地方；人用语言交流，建立社会关系，交换有关过去和未来的信息；分享和交易食物是人类“共同责任”的一部分；人类，至少那些仍然依靠野生食物的人，花费在狩猎上的时间越来越多，而且它们的猎物的体型也越来越大，有时甚至超过人类；最后，人类维护着一个可称为中心的家庭基地，用来奖赏、分配狩猎或采集到的食物。其他的灵长类动物甚至没有什么食物，它们一般捕获到食物便立刻吃掉，并且最多只在栖息地近周觅食。

在古人类行经奥杜瓦伊峡谷和库彼福勒之时，这些差异是否已经出现？如果已出现，我们能否借由分散的化石和工具看出其中的差异？艾萨克认为此举可行。一些遗址看起来很像采石场，虽有很多石头薄片，却很少发现骨骼化石；一些遗址里通常有一只或几只大型动物的骨骼化石，以及许多打制过的石块；而其他遗址里则有成百上千件石器和许多不同种类的动物骨骼化石。这些统统是近 200 万年前人类行为的证据。这些遗址是狩猎归来的古人类的工厂、杀戮地点和家庭基地。古人类利用土地的方式似乎围绕运输和分享肉类而组织进行。

在余下的职业生涯里，艾萨克检验并完善他的家庭基地假说。20 世纪 70 年代早期，他在伯克利招募了一个杰出的研究生小组，并为每个人分配了工作。一个人负责分类石器，另一个人负责弄清楚它们如何被制成；一个人整理发现于不同地区的化石碎片，以便于追踪古人类在不同土地上的运动，另一个人则负责研究是否有化石碎片是被溪水或河流等自然介质搬运而来的。

艾萨克把研究动物骨骼的任务交给亨利 · 布恩（Henry Bunn）。1973 年，在内罗毕召开的一次会议上，艾萨克第一次见到布恩。布恩是普林斯顿大学的地质学本科生，当时正与文森特 · 马格里奥（Vincent Maglio）一起研究图尔卡纳湖附近的沉积地层。受到艾萨克的启发，布恩很快意识到，伯克利将会是他未来事业的所在之地。这简直是天作之合，因为布恩的专业正是古生物学，以及化石集群的形成。这项研究根本上就像是为布恩量身制定的：为看似混乱的牙齿和骨骼化石排序，以证明与古人类一同被发现的动物确实是古人类的猎物（图 6.2）。该从哪里着手研究？布恩一到伯克利，就前往当地市场的鲜肉部，开

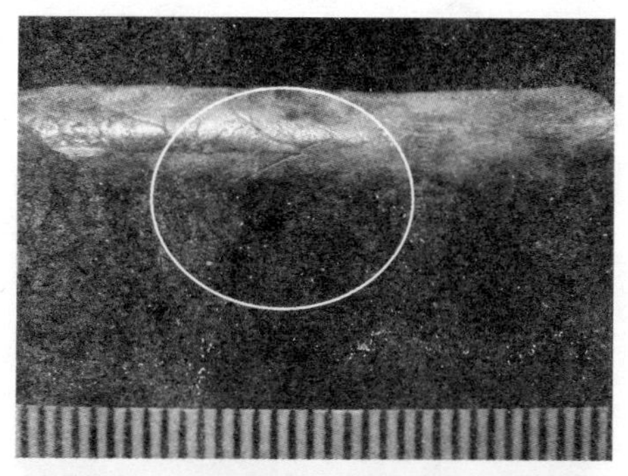

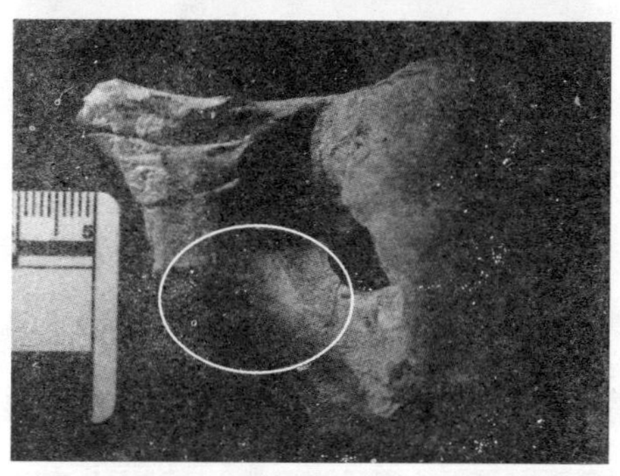

图 6.2　羚羊的上肢骨骨片，出土于奥杜瓦伊峡谷的东非人遗址
请注意圆圈标注的砍切痕迹。图片来源于亨利·布恩。

始用石片切肉。他还从晚期的遗址中搜寻了很多骨骼化石，这些骨骼化石显然是古人类食用后的剩余部分。布恩发现，在肉食店中使用的石头工具会在特定位置——一般就在肌肉附着和连接肢体的韧带部位留下切痕。这些痕迹与啮齿动物或大型食肉动物遗留下来的咬痕、伤痕，以及与受到践踏、风化影响或埋葬后受到破坏而形成的裂缝明显不同。为了得到骨骼当中的骨髓，古人类曾用石锤敲碎骨头，这部分骨骼化石呈现出独特的断裂模式。如果古人类加工了动物的肉和骨髓，布恩应该能够看到痕迹。他已做好万全准备，研究可以开始了。

艾萨克安排布恩研究的动物残骸，是玛丽·利基从发现“胡桃夹子人”的遗址中挖掘出来的。原始挖掘发现了数以千计的石器和不同生物的骨骼化石，因此是开始研究的理想场所。于是布恩在内罗毕国家博物馆里设立了一个小办公室，开始从博物馆的藏品中收集骨骼化石，直到它们盛满一件件托盘。他很快就在骨骼化石上发现了第一个切割痕迹，首次将奥杜瓦伊峡谷里的动物、石器和古人类联系起来。证据确凿，古人类使用石器杀死了动物。但现在的问题是，骨骼化石可以帮助他评估艾萨克的家庭基地假说吗？

布恩继续深入研究，日复一日地观察装在每个盒子里的件件骨头，为成千上万的碎片分门别类。这是一项艰苦而乏味的工作，这些骨骼并不是珍贵的古人类化石，人们不会仔细甄别、描述、分类，然后把它们放在填充着泡沫的盒子里，珍藏在博物馆的护罩中。许多碎片未经鉴别，仍然留有被挖掘出来时附着的污垢。数百个碎片装在大塑料袋中，按照玛丽·利基的团队挖掘时的沟堑分类，而那已经是十多年前的事情了。布恩不得不将它们放在一起，以识别出各种动物，找出骨骼上的切痕和石锤导致的断折，以及每个痕迹位于骨骼上的哪个位置。

最后，在奥杜瓦伊峡谷和库彼福勒的沉积物中，布恩发现了几十个有痕迹的动物骨骼，这些动物骨骼上有多达几百处的切痕和锤迹。古人类偏好羚羊肉和骨髓，不过它们也吃了许多其他类型的动物，比如猪、河马、马、长颈鹿，甚至是大象。毫无疑问，在大约 200 万年前，古人类已经加入大型食肉动物的行列。从早期居住在原始森林中以果实为生的猿类，转变为食肉的古人类，它们走过了漫长的道路。

切痕主要集中在肉质丰富的部分，不过也有一些在肢体骨骼的末端，比如手肘和膝盖之类由韧带固定的位置。在被艾萨克称作“家庭基地”的遗址中，人们还发现许多臂骨和胫骨，一些是小型动物完整的上下肢，但大部分是大型动物的上肢，那里的肉质比较丰富。古人类似乎在其他地方捕杀、屠宰猎物后，再把猎物能够带回家的部分拖了回去。布恩找到的证据支持艾萨克的家庭基地假说。

但除了切痕外，一些骨骼上也有食肉动物的齿痕。一些研究人员怀疑，并不是古人类，而是大型猫科动物、狗和鬣狗捕杀了这些动物，并把它们的骨头聚集在一起。至于那些骨头上的锤裂痕迹，它们认为并不是由古人类狩猎造成的，它们只是在食肉动物吃掉猎物的肉和其他软组织之后食腐，从骨头中获取骨髓而已。当时约翰·霍普金斯大学的里克·波茨和他的同事帕特·希普曼（Pat Shipman）用扫描电子显微镜做了仔细的研究。他们发现，一些骨头上既有石器留下的痕迹，也有食肉动物的齿痕，这些痕迹相互重叠，有的齿痕覆盖切痕，有的切痕覆盖齿痕。这看起来更像是猎杀和食腐的行为混杂在一起，古人类和食肉动物都混迹其间。

还有许多未解之谜，几十年来争议不断，双方的研究人员都提供了令人信服的证据来支持各自的观点。古人类只猎捕小型动物，捡食其他动物捕获的大型动物？如果古人类食腐，那么它们是驱使着食肉动物去捕猎，还是在食肉动物离开后，悄悄地捡回骨头？更关键的是，古人类是有意将这些遗址当作分享食物的家庭基地，还是因为这些地方本身比较安全，少有食肉动物的威胁？许多观点和方法都可以解释我们发现的证据。最后，最重大的还是原先的那个问题：奥杜瓦伊峡谷和库彼福勒的古人类活动是和现存的狩猎采集者相同，还是更为原始，介于早期的南方古猿和晚期的现代人类之间？

对我们而言，无论古人类是捕猎还是食腐，它们的饮食都发生了根本性质的改变。我们原本不知道肉和骨髓对古人类而言是罕有的美食还是平常的主食，但在距今大约 260 万年，甚至可能更早的更新世遗址中，人们发现了零星的石器和留有切痕的骨头。在大约 200 万年前，大量的史前石器和动物残骸突然出现，明白无误地表明古人类在世界中的角色发生了改变。我们的祖先在大型食肉动物的餐桌上争得一席之地，生物圈自助餐中的肉和骨髓非常丰富，无论什么时候想食用，总是能够找到。

这听来是否有几分熟悉？我们曾在第 2 章中了解到，灵长类动物的饮食适应性主要取决于食物的种类而不是比例。回想狐猴、白眉猴和大猩猩，它们都能吃相同类型的食物，只是食用的比例不同而已。单凭牙齿形状并不能了解白眉猴是每天吃坚果，大猩猩是每天吃野生芹菜，还是只有在找不到其他食物时才会吃这些东西。牙齿的适应性在自然选择中不太重要，重要的是牙齿给灵长类动物提供的食物选择。那么，同样的道理是否也适用于让古人类更容易获得肉和骨髓的石器？

为了解释奥杜瓦伊峡谷和库彼福勒遗址中的现象，也许我们还需要一些超出狐猴、猴子和猿类之外的证据。毕竟我们现在谈论的是身为石器制造者的古人类，它们会捕杀、食用其他动物，有时被捕杀的动物的体型比它们本身还大。迄今为止，只有我们这种灵长类动物能做到这一点。现在，是时候把注意力转向人类内部，至少是那些仍然依靠狩猎采集维生的人身上。

人类狩猎采集者

时至今日，只有少数文化以狩猎和采集维生，而且几乎没有哪个族群完全不受外界影响。长期以来，这些社会一直在衰落，在全球范围内，包括澳大利亚内陆、撒哈拉以南的非洲地区、南美洲热带地区及北美高纬度地区，人类学家急切地记录他们正在消失的生活方式。这些研究在 20 世纪 60 年代达到顶峰，当时，文化人类学家理查德·李（Richard Lee）和进化生物学家艾伦·德沃尔（Irven DeVore）在芝加哥组织了一场名为狩猎者的学科定义研讨会。他们想将那些曾做过田野调查、研究过残存的狩猎采集者的人类学家，以及对人类进化有兴趣的考古学家和古生物学家聚在一起。也许那些留存下来的狩猎采集者可以告诉我们有关过去人类集体生活的故事。格林·艾萨克也参与了这次会议，而且这次会议给予他莫大的帮助，启发他塑造家庭基地假说。

作为狩猎者的男性

家庭基地假说中引起众人最大共鸣的观点是：男性狩猎和女性采集这种以性别为基础的劳动分工是我们祖先成功的关键。虽然参会者承认植食和采集很重要，但他们的关注重点仍在于肉食和狩猎。大家普遍认为，母婴保育是哺乳动物的基本原则，母亲喂养婴儿的历史已经超过 2 亿年，算不上什么新鲜事。但狩猎和分享肉食的行为将父亲也纳入养育婴儿的成员之中，为人类核心家庭①的出现铺平了道路。女性关心爱护孩子，男性提供孩子需要摄入的营养，这样可以延长儿童的抚养时间，让孩子可以从父母身上习得各自所有的技巧。大型狩猎活动也意味着男性之间的合作，以及社会秩序发展所需的团结与联合。

在当时，人们对早更新世古人类的生活的看法，类似 20 世纪 50 年代的情景喜剧《老爸大过天》（*Father Knows Best*）。到 70 年代中期，一些人开始怀疑，这些想法只是学者们的臆测（他们大多是成长于 20 世纪初的男性），而不是证据本身。男性狩猎者隐含的意思是，在人类进化的过程中，男性担当主要角色。这样的说法似乎并不正确，身为采集者的女性在人类进化过程中当然也同样重要，在维持生活的过程中，男性和女性互补的角色是谱系延续和成功的根本。但是，有什么证据支持这一观点呢？在奥杜瓦伊峡谷和库彼福勒，许多骨骼上留有切痕，但是考古记录对植物性食物和采集在人类进化过程中起到的作用仍然一无所知，我们必须用其他方法找到其中的细节。

采集植物块茎的祖母

为了寻求问题的答案，犹他大学的克里斯汀·霍克斯（Kristen Hawkes）及其同事和学生再次将目光转向狩猎采集者。霍克斯从 1973

①核心家庭指的是由一对夫妻及其未成年或未婚子女组成的家庭。

年开始在犹他大学担任教职。在她还是博士研究生时，她曾集中注意力撰写过一篇博士论文，论文的研究主题是新几内亚某部落的亲属关系，这个部落既种植红薯，也养猪。这是经典的文化人类学，但很快，霍克斯的研究便会把她带往另一个方向，因为她被介绍给了埃里克·查诺夫（Eric Charnov）。埃里克·查诺夫是一位进化生态学家，和霍克斯一样刚从华盛顿大学搬到犹他大学。查诺夫认为，觅食是一种妥协，是在获得食物的成本和产生的能量之间取得平衡。这让我想起万圣节前，在规划“不给糖就捣蛋”的路线时，我的小女儿们会考虑到最好的糖果与要去的房子之间的距离。查诺夫开发出许多更复杂的模型，虽然其中包含许多变量，但总体思路是一样的。他的模型可以与活生生的动物，包括人类真正的决策做比较。它们会选择最大限度地提高投资回报率吗？如果是，怎么做到？如果不是，理由是什么？查诺夫的方法与霍克斯的想法不谋而合，令她迅速意识到人类学的研究潜力。

20 世纪 80 年代初，霍克斯的大部分工作都集中在巴拉圭东部的亚契人身上。霍克斯有个叫金·希尔（Kim Hill）的学生，在和平队服务时希尔曾与亚契人有过合作。当时与希尔合作的那一部分亚契人逐渐放弃游牧狩猎和采集的生活方式，在亚马孙流域南部的天主教殖民地永久定居。亚契人在那里种植了一些农作物，并饲养了一些动物，但为了获得野生食物，他们仍然时不时会在森林里跋涉长达几天或几个星期。霍克斯、希尔和其他人跟随亚契人男女进入森林，观察他们如何采集棕榈心、棕榈浆、野果和蜂蜜，如何猎杀犰狳、天竺鼠、猴子和野猪。霍克斯和她的学生记录亚契人采集到的食物，计算它们的热量，并记录亚契人行走、收集和处理食物的时间。他们将这些数据输入到查诺夫的模型，结果与他们预想的一致：亚契人主要基于成本和效益的考虑做出决定。

不过对霍克斯而言，此行还有些意外之喜。她的学生希拉德·卡普兰（Hillard Kaplan）一直在收集数据，除了记录采集到的食物外，他还记录谁食用什么食物。男人似乎喜欢将获取的猎物与整个群体分享，而不是专注于养活自己的核心家庭。他们将大量猎物和蜂蜜分赠出去，就像是在炫耀所得，而不是更倾向于照顾自己的妻儿。这与学界公认的男性狩猎者模式不太吻合，如果人类的目标是为家庭提供食物，那么显然有比狩猎更好的，更可预测的方法来增加热量。

正当霍克斯开始接受这种认识时，她和考古学家吉姆·奥康奈尔（Jim O'Connell）受到邀请研究另一个狩猎采集型的社群——东部哈扎人。哈扎人与亚契人不同，他们很多都是全职的狩猎采集者，经常捕食大型猎物（图 6.3）。这是一个深入了解男性分享肉类的动机和策略的绝佳机会。哈扎人与亚契人有许多不同，这并不奇怪，因为他们生活的地方有很大区别。亚契人的家园是阔叶常绿森林覆盖的绵延起伏

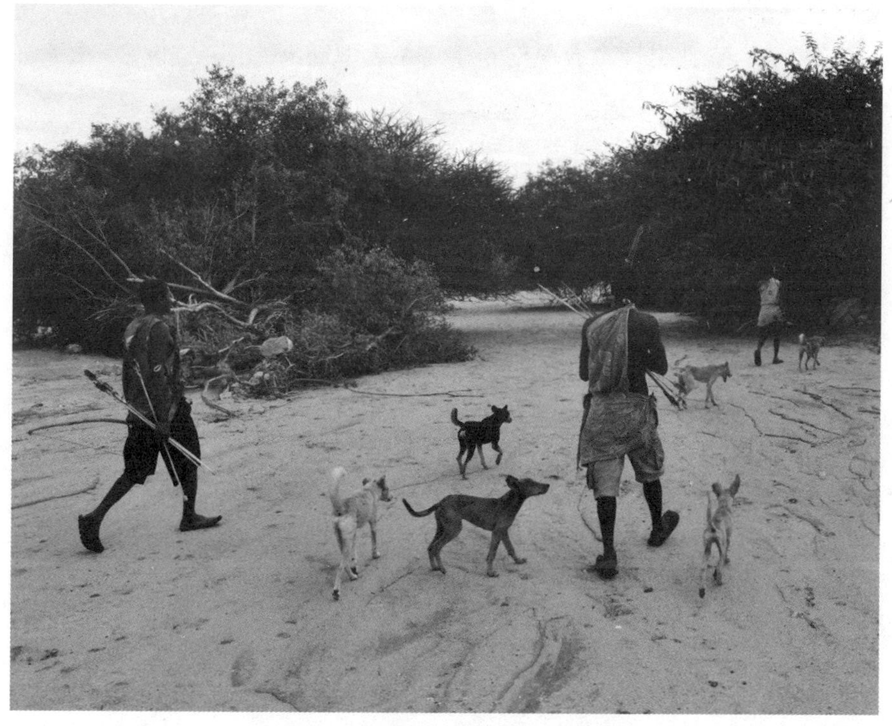

图 6.3　哈扎猎手向埃亚西湖的灌木丛行进

的山丘，河流和溪水穿过他们郁郁葱葱、食物丰富，每年降雨量超过五英尺的狩猎场。相反，哈扎人生活在热带草原林地，那里山丘的基岩裸露，到处都是多刺的洋槐、没药和猴面包树。虽然暴雨在雨季很常见，但哈扎人居住地的全年降雨量远远不及亚契人的居住地。虽然有季节性的河流和天然泉水，但在下雨之前，哈扎人的居住地异常干热。

哈扎人和亚契人之间有一个奇异而令人意外的区别，从很小的年纪开始，哈扎人的孩子就花大量时间自己为自己采集食物，直到雨季将尽，很难找到水果时才停止。那么在很难找到水果时，是否父亲会承担起养活孩子的责任，为家人带回熏肉呢？为了便于观察，霍克斯和奥康奈尔在哈扎人的居住地驻扎下来，在十个月的时间里，他们与好几个地方的哈扎人一起生活，既跟着男人去捕猎，也跟着女人去采集。他们详细记录哈扎人觅食、摄入能量和分享食物的时间，就像霍克斯及其学生为亚契人所做的记录一样。

又一次，哈扎男性也展现出专注猎杀大型动物的特征。但众所周知，在干旱的东非地区，捕杀大型动物是非常不可靠的，对一位猎人而言，一天之中狩猎的平均成功率只有百分之三。公平地说，团队捕猎的成功率要高出许多，一群狩猎者大约每周进行一次大型捕猎活动，然后分享猎物。但是，如果一个男人的首要任务是养活自己的妻儿，难道他不应该更加明智地限制风险，把重点放在更小，更可靠的狩猎活动上，或者干脆去采集蜂蜜和植物性食物吗？

既没有肉，也没有水果时，哈扎人吃什么？答案是埋藏在地面之下的食物。在埃亚西湖周围，热带稀树草原下埋藏着意想不到的能量储备。植物将碳水化合物和水分储藏在肿胀结节的根茎之中，以保护其储藏物免受饥饿的食草动物侵害。与土豆和番薯不同，这些块茎富含更多纤维。虽然这种野生块茎的可食用部分的热量大约只有人工培育的一半，但无论旱季、雨季，这些植物块茎一年四季都能供他们食用。

更重要的是，这种植物块茎能为哈扎人提供困难时期所需的能量，并在其他时候作为饮食的补充。

幼儿既没有技能，也没有力量或耐力挖掘块茎。这是母亲的工作，或是在忙于照管年幼的弟弟或妹妹时，由祖母负责完成的工作。霍克斯和奥康奈尔认为，这可能是老年妇女在不能生育后，确保基因成功传递的一种方式。如果祖母也参与下一代的养育，那么同时，他们的女儿就可以有更多受抚养的子女。孩子可以在雨季时为自己采集水果，这问题不大。但是到了旱季，块茎埋在地里，孩子没有能力把它们挖出来。祖母的帮助意味着母亲可以多抚育一个新生幼儿和一个学步的孩童，而不只是忙于照料一个孩子。也许，这就是以狩猎采集维生的人类，其子嗣可以两倍或三倍于黑猩猩的原因。虽然男性猎捕者的模型解释了人类异常的生育间隔是由父亲将肉带回家喂养孩子所致，但这并不意味不存在其他可能的解释。

在对哈扎人的观察基础上，霍克斯和奥康奈尔开始构建出一个关于人类饮食演变的新模式。早更新世的干燥环境意味着水果产量的减少，而困难时期开始变得越来越长，越来越经常出现。但是由此而带来的，并非男性和肉类，而是祖母和块茎在生活中变得更加重要。女性和采集是人类生活方式的关键，这一想法并不新鲜，但霍克斯和奥康奈尔的模式在此基础上有一个新颖的转变。他们构建的模式建立在哈扎人真实的数据记录上，他们生活的地方距离奥杜瓦伊峡谷只有一箭之遥。哈扎人是最后的狩猎采集者，他们的生活方式和人类的祖先一样。霍克斯和奥康奈尔还强调了哈代人在露天火堆上烤块茎的行为。他们认为，这有助于分解块茎中的毒素，并使其易于消化。烧烤块茎的行为同样也符合“祖母照顾”这一课题，因为幼儿不能自己生火并照管火堆。因此，在人类饮食的发展过程中，烹饪也一定是一块重要的里程碑。

烹饪令我们进化成人

并非只有霍克斯和奥康奈尔将烹饪和人类进化联系在一起。我家里有两本名为《星火燎原》(*Catching Fire*)的书，一本属于我女儿，是《饥饿游戏》(*Hunger Games*)三部曲的第二部，和食物或者这个问题没有半点关系；还有一本属于我，是一本副书名为《烹饪如何令我们进化成人》(*How Cooking Made Us Human*)的科普读物，作者是灵长类动物学家理查德·兰厄姆(Richard Wrangham)，他认为烹饪的发明是人类进化的核心。

就像我们迄今为止提到的许多科学家一样，兰厄姆的出发点和常人完全不同。兰厄姆在青少年时便是一位有抱负的动物学家，在进入大学之前，他在间隔年[①]前往赞比亚的卡富埃国家公园，在那里协助研究羚羊的行为。和许多科学家一样，他在那里爱上非洲。此后，他热衷于了解栖息地如何塑造社会行为，并从1970年开始研究黑猩猩。在传奇的贡贝溪国家公园，他是珍妮·古道尔的助理，负责记录亲缘种之间的社会关系。但兰厄姆很快就注意到，森林里的生命周期对社会互动的影响更大，当成熟的水果稀缺时，黑猩猩群体小而分散。这个发现激励他继续在贡贝溪完成学位论文，并研究食物可利用性的季节性变化及其对群体规模和结构的影响。

在兰厄姆的研究早年里，兰厄姆几乎试吃过黑猩猩的所有食物。提及成熟的肉质水果，人们可能会想到香蕉、葡萄、苹果和桃子。但是为了供给人类食用，这些水果已经被人培育了数千年之久。大多数野果和人类培育出来的水果完全不同，它们一般又干又韧，不但富含纤维，而且相对较苦，基本上不适合人类食用。兰厄姆没过多久就发现，

---

①间隔年是指西方国家的青年在升学或者毕业之后工作之前，做一次长期的旅行，让学生在步入社会之前体验与自己生活的社会环境不同的生活方式。

如果和黑猩猩食用相同的东西，我们很难生存下来。几年之后，当他和妻子伊丽莎白·罗斯（Elizabeth Ross）在现在属于刚果民主共和国的萨伊伊图里热带雨林研究姆布蒂人①时，这一点体现得尤为明显。对于和黑猩猩生活在同一片森林里的姆布蒂人，这是一个研究他们饮食的好机会，生活在这片森林里的姆布蒂人几乎从不吃黑猩猩的食物，即使饿了也同样如此。

但直到多年以后，兰厄姆才发现烹饪的重要性。那时，他坐在马萨诸塞州家中的壁炉旁，为一个主题是人类进化的讲座整理笔记。突然间他灵光一闪，意识到正如奥康奈尔和霍克斯在记录中提到的，烹饪能软化食物，促进营养的分解。烹饪不仅能改善食物口感，分解有毒物质，也使食物更容易咀嚼和消化。今天，所有的人都会烹饪食物。也许我们现在已经没有别的选择，毕竟我们的祖先有悠久的烹饪历史，导致我们失去了曾经拥有的能力，肠道已经无法适应未经预处理的食物。为了详细说明烹饪对食物的影响，在过去的二十年间，兰厄姆在实验室里花费了大量时间。他得出的结论是，我们根本无法靠食用黑猩猩的食物来维持生存，因为人类已经适应熟食。烹饪是文化的一部分，但它也会影响我们的生物性，减少我们选择的压力——这些压力原本会让人类的牙齿变大，肠道变得更加复杂。既然有人认为石器和肉类可以起到这样的作用，那么为什么烹饪就不能呢？

但是对于人之进化为人，烹饪的具体贡献是什么？男性狩猎者和祖母假说的区别不仅仅在于获得肉和块茎方式，也在于伴侣或母女之间分享食物和照顾孩子的社会契约。这些不同的行为都有可能导致人类祖先走上进化的道路。兰厄姆表示，烹饪也可能意味着男性和女性之间的社会契约，不仅仅是为了分享食物，也是为了保护火堆不被他人偷去。

①也称班布蒂人，是萨伊伊图里森林的俾格米人。他们平均身高不到 137 厘米，是非洲俾格米人中最矮，也是最著名的一支。

脑容量：人属的根本变化

和哈扎人生活在一起，我们很快就能了解如何获取、分享和准备食物，这些都是人类独特生活方式的一部分。用不着参观农场或城市，我们就知道人类在生物大群落中的地位与其他灵长类动物有本质上的区别：人类狩猎者捕获的动物数量越来越多，体格也越来越大；为了获取并储存食物，许多人使用一些工具挖掘深埋地下的植物块茎；为了让食物美味可口，易于咀嚼消化，人类烹调他们的食物；人类把食物储集在一起，与年轻人和其他人分享，建立并发展出动物界无与伦比且复杂的社会纽带。所有这些都令我们脱颖而出，进化成人类。

但是我们如何知道这一切从何时开始，由谁而起？在东非大裂谷和南非的洞穴沉积物中，研究人员发现一堆有切痕的骨骼化石和石制工具，这些化石和工具说明，200 万年前的古人类已经具有一些类人的行为能力。但我们也可以从古人类化石中寻找证据，证明人类发生的根本变化。说到这样的证据，还有什么比脑容量更好的呢？至少与其他灵长类动物相比，我们的大脑体积大大增加，脑力也大大增强，这是促使我们的祖先进入人类生态位的重要组成因素。在 20 世纪 40 年代后期，著名的苏格兰解剖学家阿瑟·基思爵士（Arthur Keith）提出一个大脑体积阈值的概念（他称之为大脑的卢比孔河①）。他认为超过这个阈值，则标志着我们的祖先在向人类的方向进化。他提出的阈值以 750 立方厘米的脑容量为界限，这个值在已知大猩猩脑容量的最大值和正常人脑容量的最小值之间。

说实话，我们现在还不太确定脑容量大小是否是成为人类的关键。最近发现的被称为“霍比特人”的弗洛里斯人（*Homo foresiensis*），它

---

①卢比孔河位于意大利北部。公元前 49 年，恺撒率军占领罗马，破除将领不得带兵渡过卢比孔河的禁忌，渡河击败庞培，取得内战胜利。渡过卢比孔河具有类似“破釜沉舟”的意义。

们身旁有石制工具和带有屠宰痕迹的动物骨骼，甚至有证据表明，它们可以使用火种。但是弗洛里斯人（*Homo foresiensis*）的脑容量只有基斯提出的“卢比孔河”的一半，即便是现存的猿类，它们的脑容量也能达到这个标准。（请记住，路易斯·利基和他的同事废弃了基思的卢比孔河假说，在 1964 年将能人划入人属。）而且古人类的变化可能是极端的，种属之间甚至会有重叠，这使得人们大为困惑。因为普遍的看法是，从一个物种进化到下一个物种，脑容量不可避免地会增加（无论是渐进的还是突然的），但事实却并非如此。虽然如此，但随着时间的推移，到目前为止一个明确的趋势是，我们的大脑比其他灵长类动物大上许多。这对人类的生态位是个重要的启示，如果没有其他原因，要维持大脑的成长和持续，代价是非常昂贵的。

“昂贵”的组织

与体型相当的哺乳动物相比，我们的大脑重量是其他动物的五倍之多，区别之大就像是苹果和菠萝。不过，大的脑容量也意味着我们需要更多能量。一个休息中的人使用的能量相当于一个 60 瓦的普通家用灯泡，其中大脑消耗的能量相当于一个 12 瓦的灯泡，约占我们日常能量消耗的 20%。乍听之下这似乎不多，但考虑到大脑仅占人体体重的 2%，这样的消耗就真的让人非常吃惊。换句话说，我们的大脑燃烧能量的速度是整个躯体的 10 倍，神经元在释放和回收递质的过程中需要耗费大量能量。能量的使用与组织质量成正比，因此我们相对较大的脑部需要多得出奇的燃料。

基于上述事实，有件事可能会让人感到意外：人类一天之中消耗的热量并不比体型相当的哺乳动物更多。人类是如何平衡能源收支，以满足大脑巨大的消耗？这才是真正的难题。20 世纪 90 年代初，当莱斯利·艾洛（Leslie Aiello）还在伦敦大学学院研究身体整体和组成部分之间的关系时，她就思考过这个问题。只有了解身体各个部位的能量消耗，才能进一步探究不同部位与整个身体所需能量的关系。

艾洛认为，由于身体器官所需的能量取决于其质量，大脑的增大意味着身体其他部位的缩小。起初，艾洛以为是人类的肌肉受到了削弱。黑猩猩比我们强壮四倍，要是有机会，你可以试试和它们扳一次手腕。它们的上肢异常强壮，得以支持它们在树木间攀缘。为了平衡大脑消耗的能量，我们直立行走的祖先可以牺牲肌肉吗？答案是否定的。因为即便我们的肌肉占到体重的一半，但它们消耗的能源也只占到整体的 15%。必定存在其他的改变，使得人体的能量消耗达到平衡。

在约翰摩尔斯大学的生物学家彼得·惠勒（Peter Wheeler）的帮助下，艾洛把注意力转向更为“昂贵”的组织，比如心脏和腹部器官。因为我们的祖先在干旱条件下演变，也许不需要太大的肾脏来产生大量的尿液，所以惠勒最初以为，可能是肾脏发生了改变。但是这个猜测又错了，我们的肾脏并没有像惠勒预期的那样变小，肝脏和心脏也同样如此。

真正变小的，反而是我们的肠道。事实上，如果将肠道和大脑的重量相加，其总和恰好符合我们预测中同等大小的哺乳动物应有的器官质量。肠子变小节省的能量似乎补偿了大脑所需的能量。这在灵长类动物中其实并不罕见，对比亲缘相近的食叶动物与食果动物，前者往往脑部小、肠道大。只要稍加思索，我们就不难明白这个现象背后的道理。当整个世界都供应充足的树叶时，是否有巨大的大脑并不特别重要，只需要有较大的可以分解树叶的肠道即可。也许食叶动物喜欢鲜嫩多汁的叶子，但林冠之下充塞着各式各样的树叶，食果动物消化水果不需要精良的肠道，而是需要更多的脑力了解食物在时空上的不规律变化。

艾洛和惠勒由此提出一个新的见解：随着大脑的发展，人类的肠道越来越小，以补偿和维持能量平衡。这意味着人类饮食的改变，变得需要更大的大脑来获取食物，以至于肠道没那么重要了。在我们的祖先从南方古猿进化为最早期的古人类，再进化到直立人的过程中，那些需要更多脑力获得，而不是更大肠道消化的食物必然变得越来越重要。对于艾洛和惠勒而言，在肠道变小的过程中，最合乎逻辑的食物是肉类，但纤维较少的块茎，尤其是炊熟的块茎也可能大有裨益。但最近，由于研究人员将哺乳动物作为整体来考虑，艾洛和惠勒的昂贵组织假说还是遭到质疑，不过我们已经尽了最大的努力去阐述相关的论点。现在是时候再谈谈牙齿，也许它可以帮助我们梳理关于饮食变化的各种想法，这些饮食变化导致我们的祖先进入人类的一般生态位。

人属的牙齿化石

了解早期人属的牙齿形式和功能有些困难，尽管这些挑战并不存在于南方古猿和傍人中。有关牙齿证据的首要问题是，人类进化的临界点在哪里？有的人会说，这个临界点意外地模糊。包括能人、卢多尔夫人和直立人在内，非洲所有早更新世的人属牙齿化石加在一起，还填不满一个鞋盒，而且还是鞋盒之中很小的那种。这三种古人类中，任意一种的标本都只有 20 ～ 30 个（能人和卢多尔夫人可能有些难以辨别），其中有许多还是孤立的、个体的牙齿。所以对于任何给定的牙齿类型，比如说下颌的第二臼齿，每个物种最多只有数量非常少的几颗，其中一些还破碎磨损，或是看起来像被磨石机磨过一样。可研究的化石实在太少，我们很难对自己的理论解释充满信心。

在食品的加工中，如果工具开始发挥越来越重要的作用，那么与饮食有关的游戏规则可能已经开始随着早期人属的出现而改变。回顾第 1 章，牙齿性状是关乎食物断裂性质，而不是关乎食物类型本身。

如果古人类使用工具使坚硬食物或韧性高的食物变得软嫩，那么牙齿形态与食物类型之间的关系可能已经开始变得模糊。

让我们思考一下，如今生活在地球上的动物如何使用工具。大多数情况下，它们只会在无法直接吃到某种食物时选择使用工具。埃及秃鹰利用岩石打破坚硬的蛋壳；乌鸦、红猩猩和黑猩猩用木头作探测器寻找昆虫；海豚用海螺壳捕鱼；海獭和猕猴用锤状石头打破蛤蜊壳和牡蛎壳；卷尾猴用岩石砸开坚果……还有一些使用工具的例外情况，比如坦桑尼亚马哈勒山脉国家公园的黑猩猩，有报告称它们会用小树枝贴着鼻子，好让自己打出喷嚏来。在这种情况下，它们会吃下喷出的黏液。

然而，人类使用工具的目的主要是为了增加自身在生物圈自助餐中的选择。在此过程中，工具可以改变牙齿必须与之抗衡的食物的物理属性。此外，在奥杜瓦伊峡谷和库彼福勒发现的片状岩石很可能只是古人类使用工具中的一小部分，虽然在更早的考古记录中，我们没有找到用木头或其他植物部分制成的工具，但我们必须假设这些木制工具对古人类而言，至少像今天对猿猴来说一样重要。换句话说，在古人类用于获取和准备食物的工具中，石片可能只是数量越来越多的一部分工具而已。

大小与进化

当路易・利基和他的同事们宣布发现“乔尼之子”时，他们认为，随着工具变得越来越重要，牙齿的重要性降低了。在食用之前处理食物，可以减轻牙齿受到的压力，牙齿得以变得更小。因此工具重塑了工具制造者，这样一来，较大的脑、敏捷的双手，以及小的臼齿和较弱的颌骨，一起成为早期人类的标准配置。

但当我们坐下来测量人类牙齿的尺寸，并与其他古人类的牙齿相比较时，这个故事好像没什么说服力。当然，能人的臼齿相比傍人确实较小，但是当我们将能人以及卢多尔夫人的牙齿与南方古猿对比时，我们会发现它们的牙齿并不小，在考虑到身体尺寸的情况下尤其如此。换句话说，人属最早的成员实际上并没有进化出更小的后牙，但傍人已经进化出较大的后牙。直立人第一次出现是在早石器时代的 50 多万年后，事实上，在直立人出现以前，人属的颊齿一直都没有变小。如果工具使人类进化出更小的磨牙，那么这个过程可谓十分漫长。

前牙的故事则有些不同。相对体型而言，能人和卢多尔夫人的前牙要比南方古猿和傍人的前牙大。正如我们在第 3 章中了解到的一样，就前牙的尺寸差异而言，能人和南方古猿的差异与黑猩猩和大猩猩的差异大致相同。这是因为黑猩猩要用前牙啃去果皮，而大猩猩主要用后牙研磨树叶和植物柔韧的部分，和南方古猿相比，早期人类很可能与黑猩猩一样，前牙的使用更为频繁。不过，直立人的前牙比能人和卢多尔夫人的前牙小，却和南方古猿的前牙大小相当。由此看来，虽然能人和卢多尔夫人会在食用前加工食物，但很可能直到直立人出现，工具才开始真正减轻前牙的负担。

对于现代人而言，弄清这些牙齿尺寸的变化有何实际上的意义十分困难。这是因为我们不仅收集到的样本数量稀少，而且目前对古人类体重的估计也非常不精确。如果不清楚古人类的身体重量，理解牙齿尺寸的实际意义就只会是一纸空谈。试想一下把人的牙齿放在老鼠或大象的嘴里，你会发现牙齿的大小和体重是成比例的。即使博物馆的保险库里装满完整的古人类骨骼化石，我也不知道人类到底能从牙齿尺寸上得出多少有关饮食的信息。前牙较大的物种的确吃东西往往更需要用到前牙，比如用前牙削果皮。但是，臼齿大小与饮食之间的关系并不清晰。南美洲有许多猴子以柔韧叶片为食，它们的臼齿的确大于果食者，但在非洲和亚洲，我们也发现有些猴子的牙齿尺寸与南美洲的猴子正好相反。这主要与颌骨的咀嚼空间有关，和臼齿的大小反而关系不大，通过牙齿大小实在很难分辨动物的饮食。

形状与进化

臼齿的形状似乎更容易把握一点。在第1章中，我们了解到，大猩猩和其他灵长类动物适合吃韧性高的食物，如叶子和芹菜茎，它们的臼齿长度通常比黑猩猩这类食果动物的更高，咬合面也更为粗糙。白眉猴和其他适应了坚硬食物的动物的颊齿则特别平坦。这些经验法则适用于所有灵长类动物，无论它们是来自南美洲、非洲，还是亚洲。

我们如何知道古人类的牙齿形状？菲利普·托拜厄斯描述了能人的后牙，比起南方古猿，它们的牙尖高而锋利，覆盖在薄薄的牙釉质中，牙齿也并没有磨损得很平整。但如果用数字描述牙齿的大小，我们可以将古人类与它们的祖先南方古猿分开吗？回顾第1章，我们可以使用激光扫描仪，以及用于测量山脉和山谷地形的GIS测量牙齿齿尖和裂缝，这样就可以得出现代人牙齿的测量结果，并将其与古人类磨损期相同的牙齿做比对。这种方法确实可以区分古人类和南方古猿，它们的差别大致相当于黑猩猩和大猩猩间的区别，古人类介于两种猿类之间，而南方古猿的牙齿比它们都要平坦。

没有哪个眼光独到、思维敏捷的古人类学家会认为，早期古人类有特别尖锐的臼齿。不过，它们的后牙更适合切断柔韧的食物，这一点要优于南方古猿。相比之下，南方古猿能够咬碎坚硬的食物，同时牙齿崩裂的危险也比较低。这表明早期古人类的饮食有所变化，肉类或富含纤维的植物部位在其饮食结构中变得越来越重要。但是仍然存在一些问题，所以我们要注意避免过度解读。首先，因为只能比较口腔中相同位置上磨损程度相同的牙齿，所以古人类的牙齿样本实际上数量很少。事实上，必须把所有能人、直立人和卢多尔夫人可用的下牙的第二臼齿结合起来，单独制成一个模型，才足够与南方古猿比对。这也就意味着，在不同的古人类物种之间，彼此不可能做比对。

另一个问题是，即使用工具处理食物对食物属性的改变有限，没有达到让牙齿随之变化的程度，我们也需要记住，牙齿形状取决于食用的食物种类，而不是食用的比例。也就是说，齿冠的斜度或粗糙度只能告诉我们古人类有能力吃什么，而不能告诉我们它们每天都吃了些什么。如果说在大多数时候，古人类的食物可能与南方古猿的相同，那么反过来说也不无可能。现在，我们再来看看在上一章中提到的食痕，即牙齿的化学分析和微磨损。

磨损与进化

古人类牙齿中碳 -12 和碳 -13 的混合说明，它们不仅吃乔木或灌木，也吃热带草或莎草。我们不知道古人类牙齿中的碳元素是直接来自它们吃的植物，还是来自食草动物，它只能说明古人类的饮食结构中包括来自热带草原和森林的食物。通过这种方式，古人类的碳同位素比值与非洲南方古猿或阿法南方古猿并无太大不同，南非古人类和东非古人类的碳同位素比值也和傍人一样没有太大的差异。

不过，毕竟能人不同于南方古猿，直立人也不同于能人，因此它们牙齿的微磨损模式略有不同。虽然不同种的古人类的牙齿微磨损区别很大，从仅有轻微划痕的表面到有许多凹坑的表面不一而足，但能人平均的微磨损表面与南方古猿相似。相比之下，直立人的牙齿变化更大，一些微磨损表面甚至达到大幅凹陷的程度。这一切都表明，虽然所有的古人类都不是特化的以硬物为食的动物，但相比之下，能人食用硬物的比例可能高于南方古猿，直立人食用硬物的比例可能又要高于能人。如果微磨损纹理中的变化的确可以用于了解一个物种饮食范围的广度，那么凭借这些差异，我们可以说能人的饮食灵活度可能高于南方古猿，而直立人可能比能人发展得更全面。

人属的形成

牙齿的大小、形状和磨损，化石搜索者建立的模型，以及早期的考古记录，以上便是我们用于还原古人类饮食的所有证据。当“乔尼之子”首次被发现时，故事还相当简单：石器意味着一种新的生活方式，以及获得原本不可用的食物的机会。这是我们祖先的应对方式，因为大草原覆盖了他们世居的家园，森林资源开始枯竭。牙齿变小、手变得更加灵巧、脑容量随着工具对制造者的改变而增加，最终，所有上述的改变使得人类形成。

人属的分类

但新的证据和解释表明，这个故事没那么简单。能人和卢多尔夫人的臼齿大小与南方古猿的不相上下。乔治·华盛顿大学的伯纳德·伍德（Bernard Wood）和西蒙弗雷泽大学的马克·科拉德（Mark Collard）甚至认为，无论能人和卢多尔夫人有没有工具，它们从根本上不属于人类，而应该被归入南方古猿。能人和卢多尔夫人的前牙确实很大，因此它们的饮食可能真的发生过改变，并在咀嚼之前选择抛弃食物不可食用的部分，如保护水果的外皮或附着在骨头上的肌腱。此外，古人类的臼齿比较尖锐，这意味着它们可以更高效地剪断或切碎韧性较强的食物。牙齿的微磨损模式表明，能人对食物的选择不像南方古猿那样挑剔。

直立人和南方古猿的差异更为极端和明显。首先，直立人的臼齿确实比南方古猿小，它们的前牙也小于能人或卢多尔夫人。也许正是从直立人开始，工具才开始真正减轻牙齿和下颌的选择性压力，使其不必维持过去那样大的构造。的确，在形成于 200 万年前的沉积地层中，即发现直立人的最早记录之处，我们发现了集中在一起的石器和带有切痕的骨骼。这些都有助于我们解释直立人如何为其较大的大脑提供能量。如果事实如此，那么在进入人类生态位的稳定水平之前，我们的祖先至少经历过两个步骤：首先进化为能人或卢多尔夫人，然后再进化为直立人。

当然，我们并不确定究竟是谁制造了奥杜瓦伊峡谷、库彼福勒和其他早期考古遗址中的工具。如果不能确定这一点，那么在很大程度上，我们对工具使用者的推论就只是猜测——请记得这一点：在 200 万～ 150 万年前，至少存在四种不同的古人类在大地上漫游。极有可能，我们在直立人制造和使用工具的基础上进化为人。我们唯一能确定的是，只有直立人在早更新世走出非洲，欧亚大陆的遗址也集中出土了大量的石器和带有切痕的骨骼。但是，最早的工具的出现比直立人早 50 多万年，能人和卢多尔夫人，或者傍人甚至南方古猿到底有没有制造过工具？我们有理由推测，至少能人也曾制作过工具。这种可能应该与它们大拇指的灵活程度有关，但我们也无法排除其他古人类制造工具的可能。

改变游戏规则

我们从非人类灵长类动物的研究中了解到，食物选择是可获得性的问题，取决于给定地点和给定时间内的食物可选择性，以及牙齿和肠道能够加工和吸收什么食物。古人类几乎不能控制自然界能够提供的食物，生物圈自助餐中的选择一直在改变。更新世是气候不稳定的时代，栖息地环境在不断发生变化。我们在第 4 章中了解到，这种变化不仅仅是草原代替森林那样简单。能人和直立人的碳同位素比例表明，和晚上新世的南方古猿一样，它们既食用开放环境下产出的食物，也食用封闭环境下产出的食物，这一点似乎并没有发生改变。站在更加高远的视角观察，我们会看到，渐增的气候变化、交替循环的暖湿气候条件和干冷的气候条件交织在一起，催生出变局。随着大裂谷的蔓延，湖泊的扩大和萎缩，古人类的栖息地环境必定也处于波动之中。随着地轴的进动，日地轨道从圆形到椭圆形再变回圆形，森林被草原取代，草原又变为森林。就这种环境波动而论，南方古猿到能人，能人再到直立人的微磨损变化便有其自身的意义。工具的使用愈加频繁也同样如此，古人类用它们来收集、处理更多类型的食物。这意味着在特定的时间和地点，古人类可选择的食物更加多样。在逐渐变得吉凶难料的世界里，也许正是这一点让古人类拥有更多面的能力，使其可以平安地度过风暴。或许，这也是成了人类生态位的关键。

人类与地球上的其他动物存在根本的不同。要了解这种不同的本质，我们需要将城市和农村、农场和牧场的背景从我们的研究中剥离。在这些东西出现在人类社会前，我们的祖先便早已成为人类。站在吉德鲁山的脊顶，哈扎土地上的稀树草原一望无际。从这个角度来看，我们很清楚是人类与更大生命共同体的独特关系才使得人类变成人类。工具是故事的重要组成部分，烹饪、分享食物也同样如此。收集、加工和分发食物的方法让人类能够充分利用自然提供的一切资源。这些东西引导我们的祖先离开非洲，让他们得以在任何地方生存下去。

但是，对于一些人而言，现状仍不能使他们满足。于是，他们开始种植庄稼和饲养动物。下一站是新石器时代革命，牙齿、饮食和不断变化的世界，仍是我们观察这个时期的生活的镜头。

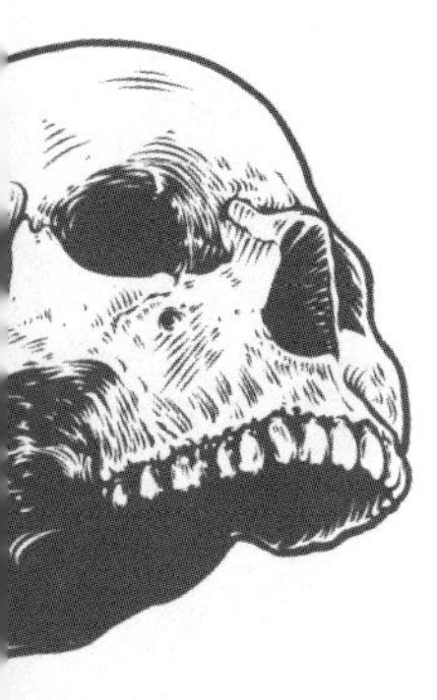
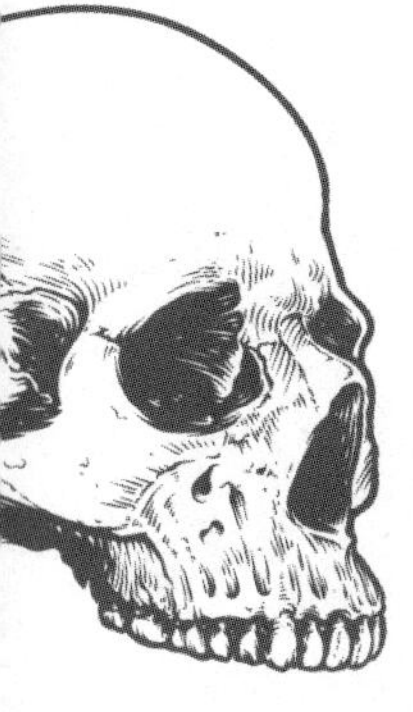
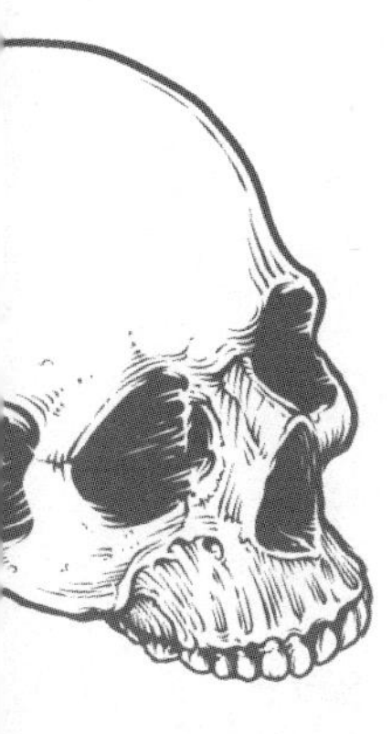
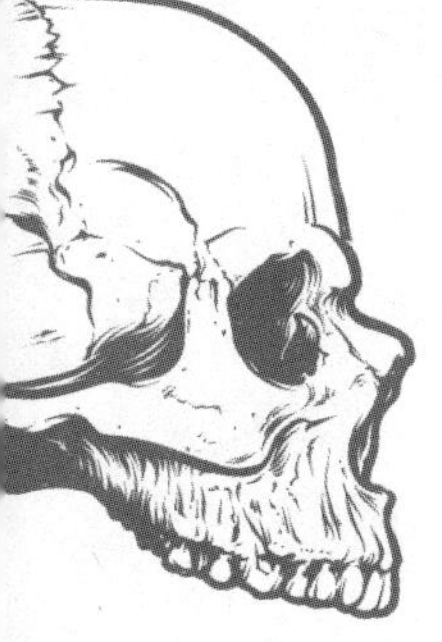

第 7 章　新石器革命

人类播种和饲养动物的行为从根本上改变了他们与周围世界的关系。我们的祖先曾是大自然的一部分，而种植与饲养，使他们逐渐独立于自然。著名的考古学家V. 戈登·柴尔德（V. Gordon Childe）曾这样写道："随着农业的发展和养殖的兴起，（人类）从环境的虚妄中得到解放，进而成为创造者。"正如柴尔德所言，在人类的进化历程中，新石器革命的确是一个重要的里程碑。稳定的资源和盈余是文明的燃料，粮食生产意味着我们的祖先可以聚集成为较大的群体，组织形成复杂的社会。一旦他们开始培育植物，驯化动物，那么很快第一批伟大城市的出现也就不再遥远。美索不达米亚、印度河流域，以及埃及尼罗河流域都是最早出现大城市的地方。

在新石器革命之前，人类与其他动物遵循同样的规则。在长达大约20万年的时间里，可供人类选择的范围仅限于生物圈提供的自然选择。他们和数百万年前的古人类并无不同，都以采集野生食物为生。但是当环境中的食物选择改变时，我们的祖先也不得不做出回应。这个过程十分艰辛，有人迁徙，有人死去，还有人适应了环境的变化。

回顾第 3 章的伊丽莎白·弗尔巴，她的印度教的三位一体的比喻恰如其分：毗湿奴保护，湿婆毁灭，梵天创造。保护、毁灭、创造，三者推动人类的进化，它们解释了不断变化的世界如何赋予无数物种独特的身份，以及如何使我们成为人类。

但我们的祖先改变了游戏规则。他们开始养殖动物，种植植物。这些植物在近东是黑麦、小麦和大麦，在中国是大米和小米，在非洲是高粱，在美洲是玉米、土豆和南瓜，在新几内亚则是芋头和香蕉。凭借狩猎和采集野生食物，人类已经繁衍了一万代，但粮食生产在全球范围内的出现，则是在短短的几千年里迅速发生的。这种粮食生产至少在十几个地方分别发生着。至此，人类手中握有了主权，拉开了一系列事件的序幕，从发明花生酱三明治到探测外太空，影响了人类所有的伟大成就。

这个革命在何时何地发生，为什么它会改变一切？随之而来的社会和政治负担在人类社会必然出现吗？农业的出现是由于人类发展出了超越自然所提供的能力，还是在更新世晚期，即末世冰期时，人类受制于全球气候变化而被迫推动？从狩猎采集到粮食生产的过渡中，考古学家已经深入挖掘出许多研究细节，但近一个世纪的研究却带来更多问题。所有人只在一件事请上达成共识，那便是答案绝不简单。

在本章中，我们会将目光投向新石器革命，从遥远的过去展望未来。我们会通过气候变化对食物供应的影响，以及我们祖先为谋生所做的选择来建立人类进化的模型。我们即将访问近东两个最重要的地点：奥哈罗二号遗址和阿布·胡葱刺丘遗址，然后与许多考古学家见面。这些考古学家发掘出遗址，并根据发现的遗存物形成自己的见解。之后，我们将前往寒冷贫瘠的格陵兰岛中心地区，打开这个巨大冰盖的时间胶囊，一阅地球气候史的档案——结束我们在实验室的旅程，带着那些见证气候变化和从觅食转变为食物生产的人类的牙齿和骨骼。它们对人体生物学有何影响？我们不仅要考虑熟悉的食痕，还要加进一些新颖的，能够为过去和现在的演变提供重要参考的内容。

沙漠中的绿洲

气候变化在人类进化中起到重要作用。但是它最近对人类的影响是什么？柴尔德也认为我们的祖先是被不断变化的世界所驱策，才开始种植野生植物和驯化野生动物。据他推测，在末世冰期结束时，随着覆盖欧洲大部分地区的冰川融化，全球降水的分布格局必定会发生改变，导致北非和西亚变得干旱。随着草原被沙漠替代，居住在那里的人和动物将被迫迁徙，聚集在水源仍然充沛的地区，譬如尼罗河、印度河，底格里斯河和幼发拉底河流域。在这些地方确实发现了小麦、大麦，以及牛羊的野生祖先，而且这里也是最早农民驯化植物，牧民驯养动物的地方，柴尔德认为这一切并不是巧合。

编写教科书的人通常对柴尔德大加赞赏，认为他提出了新石器时代革命开始于更新世晚期的观念。鉴于他是 20 世纪考古学领域最伟大的人物之一，这不奇怪，但相当遗憾的是，很少有学生知道，真正提出绿洲理论（The Oasis Theory）的是地质学家兼探险家和冒险家的拉斐尔·庞佩利（Raphael Pumpelly），他的故事值得一提。在 1906 年，即柴尔德升入初中的前一年，庞佩利在美国地质学会的演讲中提出了这一理论。

耗费四十年光阴，经历种种令人难以置信的命运曲折，庞佩利才完整地拼凑出他的绿洲理论。庞佩利的故事有点像电影《阿甘正传》（*Forrest Gump*）和《夺宝奇兵》（*Indiana Jones*）的结合，庞佩利的探险脚步跨越一个个大陆，经历一次次冒险，用双眼亲证历史。在内战前，庞佩利是一名在亚利桑那州勘探矿脉的地质学家。内战爆发后，他被迫向西逃跑，躲避阿帕奇战士[①]和马背上的墨西哥匪徒。庞佩利骑马逃到加利福尼亚，然后乘船去北海道，为日本的封建政府工作，帮助他们发展矿业。但是由于日本天皇借助排外的情绪，从掌握实际统治权的幕府手中夺权，正在酝酿一场内乱，于是庞佩利在日本短暂居留后再次西行，穿过亚欧大陆，横跨大西洋，终于又回到家乡。等他回到家时，他已经在全球旅行了长达五年的时间。

在中国停留期间，新疆塔里木盆地的一张旧地图引起了庞佩利的关注。他在孔子的一本书里发现了这张地图，地图边上的注释这样写道："这里居住着乌孙人[②]，他们有红色的头发和蓝色的眼睛。"另一个注释还提到广阔的河流和古老的城市，在遥远的过去被大漠风沙所吞没。其他地图把戈壁沙漠称为"旱海"，意为干旱之海。是否中亚地区曾经存在过一片巨大的内陆海，咸海、里海和当今无数的小湖泊是那片海洋残存的部分？庞佩利想到路易斯·阿加西兹（Louis Agassiz）的理论：从北半球的大部分地区，到南边的地中海和里海，曾经都被冰川覆盖——他的理论在当时很受欢迎。也许冰雪曾为内陆海提供源源不断的水源，但一旦冰河时代结束，这个地区的水资源就会枯竭。那些沿着海岸线生活的红发蓝眼睛的人是什么人？他们会不会是最早的雅利安人，最终因为沙漠覆盖中亚地区，而向西迁徙到欧洲？

虽然这是一个奇妙新颖的想法，但是回家后，庞佩利不得不将其暂时搁置。他在哈佛大学找到一份新的工作，在美国还有很多地质调查工作要做。庞佩利再次回到中亚时已是 30 年之后，那时他才知道，那里的冰期沉积物中曾发现过双壳类化石，这似乎证明曾经确实存在过一个广阔的内陆海。这些发现促使他在 1903 年前往现在属于土库曼

①北美西南部印第安人，以劫掠农民为其特点。

②乌孙人是汉代连接东西方草原交通的最重要民族之一，乌孙人的首领称为"昆莫"或"昆弥"。公元前 2 世纪初叶，乌孙人与月氏人均在今甘肃境内敦煌祁连间游牧，北邻匈奴人。

斯坦的阿什哈巴德市[①]南部地区，并在科佩达格山的山麓间找到安纳乌城的考古遗址。第二年，庞佩利的小组在这个地区展开发掘工作，在最古老的地层中找到鹿、瞪羚和其他野生动物的骨骼，但没有发现牛、羊和猪的遗骸。他们还在遗址中找到小麦和大麦的残留物。

庞佩利开始组织他的故事。曾有一片覆盖中亚大部分区域的辽阔的内陆海，这片内陆海在冰河时代结束时开始消退。随着沙漠开始形成，人们聚集在包括安纳乌在内的绿洲里，凭借从山上随坡流向北方的水维持生存。随着人口的增长，食物需求的增加，人们开始播种并养殖动物。虽然当时，多数考古学家认为美索不达米亚平原或埃及是文明的摇篮，但庞佩利认为中亚才是文明之源，更新世晚期中亚的环境变化已经触发文明起源的第一步，即从狩猎采集到畜牧和农业的转化。

庞佩利的绿洲理论描绘出一个生动的画面，这是科学和历史在偶然中相交，并导致革新性想法的实例。但不幸的是，庞佩利理论中的时间存在瑕疵。虽然更新世晚期的中亚绝对比今天湿润，咸海和里海的范围也更大，但当时并不存在大片的内陆海。此外，在他们迁徙到安纳乌的几千年前，近东地区就已经有人类畜牧种植。庞佩利推断的大部分细节都存在错误，也许这就是当我问及系里的考古学家时，没人知道他的原因。但他的基本观点保留了下来，实际上，从狩猎采集到农业的转变是 11.6 万年前全新世开始时，气候变得更为湿暖导致的结果。这个理论启发了 V. 戈登·柴尔德，并通过他启发了许多考古学家。

自然世界的主人

自从最早的古人类首次出现以来，覆盖北半球大部分的冰盖已经增长消融百余次。在末次大冰川后退前，人类一直坚持相同的基本习惯，

①土库曼斯坦是一个中亚国家，位于伊朗以北，东南面和阿富汗接壤，东北面与乌兹别克斯坦为邻，西北面是哈萨克斯坦，西邻里海，1991 年 10 月 27 日宣布独立。阿什哈巴德市是土库曼斯坦首都，是其政治、经济、文化和科学中心。

在力所能及的范围内狩猎动物和采集野生植物。可以肯定的是，随着时间的推移，它们通过发明更多精巧的工具来获取和加工食物，这给了他们更多的选择来满足他们的营养需求，并使他们得以在地球上繁衍生息。但一直到离我们很近的时代，尽管生物圈中的食物供给不可预测且变化多端，但人们仍然满足于大自然提供的东西。如果新石器革命是由气候变化引起的，那么为什么这次革命没有早一点发生？人类本来拥有无数次机会！

一些人认为，这是因为新石器革命根本不是由气候变化引起的，而是由于人类看待自身的方式发生改变，想要改变自己在自然界中的位置导致的。这时的人类开始把自己视为自然之外的一部分，而不再是自然本身的组成部分。回顾第 6 章中在吉德鲁山以狩猎采集为生的哈扎人，当我问到人类与其他动物有何不同时，他们很难找到答案。一个老人大声说，人类和动物的区别可能在于没有多少毛发；一个年轻女子补充说，也许区别在于我们用两条腿走路。这让我感觉到，哈扎人并不觉得人类与其他动物有什么本质上的区别，更不可能认为自己是自然的统治者。

那么所谓的新石器革命，也许就是一场人类将自己当作自然世界的主人的革命。一些考古学家认为，从早期农民的遗存中就能看出这一点，女性的神和公牛分别代表女性的生育能力和男性的力量。他们将这些看作是一种心态的象征，这种心态就像黏合剂，将那些大型的永久性群落结合在一起，农业因此而变得必要。也许培育植物和放牧动物并非气候变化的结果，而是我们对于自身思考方式转变的产物。有人称之为新的“心理文化”①范式。

其他人则认为，新石器革命是一场与人类本性相关的，由声望和财富所驱动的革命。这让我想到克里斯汀·霍克斯的炫耀假说(show-off

①一门倡导采用将心理与文化相结合的视角和方法，主要用于大规模文明社会比较的学问。

hypothesis)。霍克斯认为，亚契猎人故意以大型狩猎活动为目标，与族群成员分享打猎成果，而不是寻求更小、更可靠的猎物来养活自己的家庭。她的解释是，这也许是由于对于一些人而言，平等主义的狩猎采集的生活方式已不能满足他们的野心。一个典型的案例是太平洋西北海岸的原住民传统的“夸富宴”。“大人物”努力积攒财物，慷慨地向邻居和朋友馈赠礼物，他们通过放弃食物和其他贵重物品的方式获取社会地位。也许人类的定居满足了个体的需要，然后其中有一些人(而不是气候变化本身）推动了新石器革命的发生。

种植与畜牧的动因

我不是特别认可心理文化理论或“大人物”理论。问题并不在于这些理论有什么欠妥的地方，或是吸引力不足，主要是因为这两种理论很难评估，要深入了解1万年前的人的心理状态，未免有些过于困难。的确有证据表明人类定居某处并储存食物，但我们如何通过这些证据来了解过去人类的行为动机？即使我们发现族群全体成员参与的宴会的证据，我们又如何知道这些宴会是夸富宴还是百乐餐[①]？再者，这些模式仍然不能解释为什么人类花费了近20万年的时间才完成从狩猎采集向农业的过渡。然后就是先有鸡还是先有蛋的问题：是我们的祖先观察世界的方式发生变化，使得他们开始种植和驯化，还是食物生产本身使他们的心态产生变化？是野心促使一些人开始种植农作物，还是先出现种植，为农民架起了阶级跃升的阶梯？考古学记录为我们提供了很多过去生活的片段，但是还不足以回答这些根本问题。

说到先有鸡还是先有蛋的问题，我记得当我在读研究生时，最大

①美国常见的一种聚餐方式，其规则是参加者各自带一个菜或其他食品、饮料，放在一起让大家自由取食。

的争议在于，是不断增长的人口带来的需求迫使人们农耕畜牧，还是农业带来的盈余让社群发展壮大。有人认为，人口带来的增长是自然的，但是这种增长一直被土地的承载能力所限制。生物圈自助餐可以哺育的人数受到自然的储存能力限制。也许繁衍才是促进人类发展的动力，这种冲动可能足以使人们生产自己的食物，并且因为作物不会移动而定居在某个地方。定居允许或甚至鼓励人们生下更多婴儿，而增长的人口则需要更多的食物，这会变成一个恶性循环。有人认为过于庞大的人口数量无法移动，使得他们不得不定居下来，但是这个论点并没有充分的论据作支撑。还有人认为，人类原本居住在繁茂的地区，但随着人口的增长，不得不扩张到边缘地带生活，如此一来，有可能由于边缘地带自然资源的不足，促使人们开始种植。

过去一个世纪以来，为了了解人类从觅食到农耕的过渡，考古学家已经清理出无数吨的泥土。为了让人们了解是什么推动人类进入新石器时代，他们写出成千上万的学术论文和书籍来介绍自己的想法。但对于人类为什么开始种植植物和饲养动物的问题，他们之间仍然存在很大的分歧。这样的事情在不同的时期发生在不同的地方，原因不一而足。这对我们非常不利，由此产生的信息过载使我们很难理解这一切。但是我们可以缩小焦点，只研究某个地方新石器革命触发的动因。让我们来看看近东地区属于新月沃土①的地方，新石器革命似乎首先在这片区域发生。在这个地方，我们有机会将人类的生存与更新世晚期的气候变化联系起来。

新月沃土的形状看起来更像是一枚回旋镖。有些人用埃及、腓尼基、亚述和美索不达米亚平原的古代文明区域来定义新月沃土的范围——从埃及的尼罗河上游直抵东地中海或黎凡特，沿着底格里斯河和幼发

①新月沃土是指两河流域东西部的西亚、北非地区在历史上曾有的一连串肥沃的土地，从地图上看其整体好似一弯新月，因此得名“新月沃土”。此地也被称为文明的摇篮，包括巴比伦尼亚、亚述、腓尼基、以色列王国等文明。

拉底河直抵波斯湾，其他支流最远只延伸到西奈半岛。无论采用哪种方式，它的北部边界都是由托鲁斯山脉和扎格罗斯山脉的侧翼，以及南部的叙利亚沙漠所界定。这个地区有无数的遗迹，是一道通向新石器革命前、革命中、革命后的生活窗口，可以让我们一窥最早定居、耕种和驯化动物的人类如何生活。凭借这些遗迹，我们会看到人类经历过什么沧桑巨变，又有什么从未改变，从而解决重大的问题。在所有的遗迹中，有两个地方格外突出，一下子占据了我的心房。它们一个是加利利海西南岸的奥哈罗二号遗址，另一个是幼发拉底河中段南岸的阿布·胡葸剌丘遗址。

奥哈罗二号遗址

虽然称之为海，但实际上，加利利海是以色列境内最大的湖泊。它的湖岸线长约 30 英里，湖面水平高度随着年降雨量而上下波动。由于干旱时期的降雨量急剧下降，加利利海的湖水实际上是以色列重要的饮用水来源。1989 年，湖面比正常时低出 10 英尺，暴露出被淹没的，有可能是数千年前留存下来的远古遗迹。其时，在提比里亚[①]南方 5 英里外的海滩上，一位业余考古学家发现了一些动物骨骼、燧石，以及一个人类的下颌骨。

于是，以色列文物局的史前文物管理员丹尼·纳德尔（Dani Nadel）开始展开调查。他去的地方是 3 年前湖岸线很低时发现的另一个遗址，那里距离奥哈罗一号遗址只有几百米远。纳德尔曾参与记录奥哈罗一号遗址，那时他还是耶路撒冷希伯来大学的硕士生。但新的遗址奥哈罗二号显然更大，也更加重要。由于担心湖岸线再次升起，遗址会被淹没，纳德尔当即组织了一次为期较短的野外考察。在 1989 ~ 1991 年，以及 1999 ~ 2001 年，每当水位允许时，他的实地考

①位于以色列北部加利利海之畔的下加利利，是以色列的古城。

察小组就会去那里做挖掘工作，并最终发掘出一大块面积足有一亩半的土地。他们发现了棚屋和壁炉的遗存，还发现了一个人类墓葬，以及岩石和骨骼制成的工具。这些考察人员仔细筛选挖出的每一缕沉积物，又从中找到几十万件植物和骨骼碎片。这些遗存保存得相当不错，和同样古老的遗址对比，此处的遗存保存得最好。

奥哈罗二号遗址向我们提供了前所未有的，新石器革命之前的黎凡特生活快照。那是在 2.3 万年前，北面的冰原扩张到极致的时候。在我们的想象中，冰河时代的猎人都身披动物毛皮，在中东地区干冷的大草原上进行大型围猎活动。但是，奥哈罗二号遗址告诉我们，末次盛冰期时，人类的生活根本不是我们想象的那个样子。事实上，当时的人们居住在一个大湖边缘的小营地里，营地上有六间小屋，周围全是柳树、橡树、柽柳，以及铺在地上的草垫。人们一年四季生活在奥哈罗二号遗址里，受到湖泊和周围林地丰厚资源的滋养，在这里繁衍生息。纳德尔的团队发现了野生杏仁、开心果、橄榄、葡萄，以及许多其他植物烧焦的遗迹，还发现了无数的鱼骨，以及瞪羚、鹿、野兔和其他野生哺乳动物的骨骼。在第一个小屋里，考察人员发现了一块磨石，石头表面上有野生大麦、小麦和燕麦的淀粉颗粒，而这些淀粉颗粒已经被研磨成粉，可以制成面团。此外，他们发现的镰刀刀刃上除了有收割粮食的痕迹，还有割野草的痕迹，这些野草是如今在耕地上蓬勃发展的杂草的祖先。过去生活在这里的人不仅捕鱼、狩猎、采集水果和浆果，他们还收集野生谷物，甚至还有可能种植了一些。

人类在末次盛冰期如何生活？奥哈罗二号遗址为我们提供了一个全新的视角,至少让我们对加利利海边的生活有所了解。当资源充裕时，人们定居在那里。他们不仅采集，甚至还有可能种植谷物。当人类在奥哈罗二号遗址生活时，距离新石器革命的发生还有多长的时间？这不禁引人遐思，可以肯定的是，这个时间不会超过一万年。现在，我们前往下一站，叙利亚东北部约 270 英里处的阿布·胡荖剌丘遗址。

阿布·胡荖剌丘遗址

1974 年，幼发拉底河上的塔布卡大坝建成，阿萨德湖里蓄满了湖水。建设大坝是为了利用水力发电，并打造一个能为饮水和灌溉供应水源的湖泊。但这也意味着，幼发拉底河谷的中心地带将被灌入 2.5 立方英里的水，原始河岸边的人类古老定居点遗迹将会被水淹没。这些人类的古老定居点是叙利亚的民族遗产，可以称得上人类文明的摇篮。事关重大，叙利亚的文物官员呼吁国际社会的考古学家帮助挖掘遗址，抢救文物，在大坝建成之前保留珍贵的遗产。叙利亚政府甚至通过了一项法律，允许外国学者保留其发现的一半文物，借此鼓励博物馆对这项抢救性发掘捐资出力。

叙利亚政府振臂一呼，当下应者云集。共有 9 个团队响应号召，分别来自美国、英国、法国、比利时、德国、瑞士、荷兰、黎巴嫩和日本。其中有一位名叫摩尔的考古学研究生，他来自牛津大学，曾为一支法国考古队服务，在叙利亚大马士革附近的泰尔阿斯瓦德遗址做考古挖掘，那支队伍的领导人对摩尔的工作大为赞赏。1971 年，叙利亚古物总局邀请摩尔选择一片遗址展开发掘工作。摩尔看过地图，在夏天勘测过山谷后，选择阿布·胡荖剌丘遗址作为发掘的目标。当时，阿布·胡荖剌丘遗址只是个位于幼发拉底河南岸，占地巨大——达 12 公顷的土堆。事实证明，这是一个非常明智的选择。

需要做的事情太多，摩尔的时间十分紧迫。他将大半年的时间用来组织行动计划，筹集行动执行需要的资金。只剩下两个季度阿布·胡荖剌丘遗址就要被淹没，而那里有超过 76 万立方米的考古沉积层。摩尔组织好一个有 50 名职员和工人的大型考古团队后，便开始了他的发掘工作。他相信细节将会决定成败，所以虽然时间紧迫，但是他并没

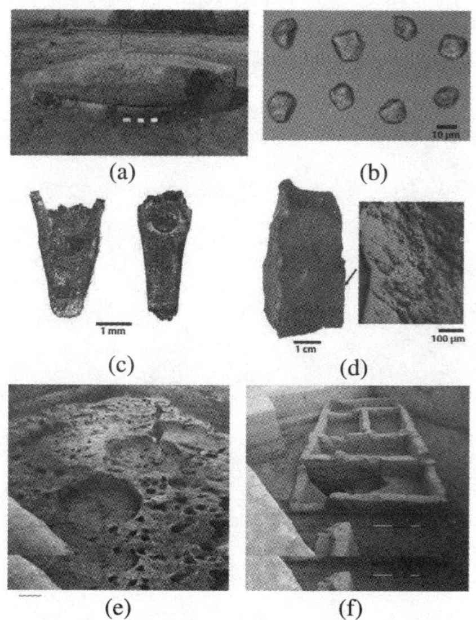

图 7.1 图 (a)~(d) 为奥哈罗二号遗址出土的遗骸；图 (e)、(f) 为阿布·胡荖剌丘遗址的发掘现场

(a) 一方石碾；(b) 燕麦粉颗粒；(c) 野生的野大麦（左图）和驯化的野大麦（右图）；(d) 镰刀刀刃（左图），以及由于收割谷物而磨损的表面（右图，箭头表示放大了该区域的图像）；(e) 阿布·胡荖剌丘遗址一号遗址的发掘现场；(f) 阿布·胡荖剌丘遗址二号遗址的发掘现场。图片分别来源于达尼·纳德尔 (Dani Nadel)、德多洛雷丝·皮佩尔诺 (Dolores Piperno)、书籍《新石器时代以前的农业，耕种的起源和作物的原型》(*The Origin of Cultivation and Proto Weeds, Long Before Neolithic Farming*)，以及安德鲁·穆尔 (Andrew Moore)。

有动用推土机，而是选择了更为细致的方法，尽可能多地进行挖掘。他的团队总共挖出七条沟槽，摩尔的战略是，尽可能多地从遗址中收集样品。他们用网眼筛过每一勺泥土，收集留下来的微小的史前文物和骨骼碎片（图 7.1）。此外，他们还将数千磅的土壤倾倒在装满水的浮选机中。这个机器工作时，有点像用吸管把一杯巧克力牛奶吹进杯子里——气流吹入里面，会有一连串气泡从泥浆里翻腾而出，将植物遗存和木炭从沉积物中分离出来。被分离出的碎屑会漂浮在泥浆顶部，被人舀出、干燥后再进行分析。

摩尔的团队一共做了 6 个月的挖掘工作，其中两个月在 1972 年，剩下四个月则在 1973 年。他们发现了数以千计的文物、数百个人类的墓葬、两吨骨头，以及非常多的植物碎片——大部分都是细小的种子和木炭碎片，可以装满一整个冷藏库。这次发掘令工作人员精疲力竭，并随着大坝建成日期的趋近而愈发令人紧张。更糟糕的是，第二季度的发掘工作才进行了几个星期，第四次中东战争便爆发了。这时，它们挖出来的沟槽还不够深，没有办法对最下面的沉积层取样，但时间已经不多了。摩尔顶着压力继续工作，他的队伍也是唯一一支战争期间坚持在山谷中发掘的队伍。支持发电机和浮选设备运行的燃料都不够用，更不用说烹饪用的炉火和为营地提供补给的车辆。他们缺水少和食物，军队还征用了几个队伍里的年轻人，其中两三人死在战场。尽管困难重重，但是团队依然坚持不懈地工作，最终通过对阿布·胡荖剌丘遗址的发掘，将一幅前所未见的，描绘人类在新月沃土上从狩猎采集到粮食生产的过渡时期的生活画卷呈现在我们的眼前。除了阿布·胡荖剌丘遗址，其他遗址无法为我们提供这样的机会，让我们洞察新石器革命，以及它发生的原因和产生的结果。

就我们所知，阿布·胡荖剌丘遗址持续存在了 6000 年左右。如今，很少有哪座城市可以宣称自己拥有如此漫长的历史。更重要的是，生活在遗址的居民是从更新世到全新世人类生活过渡时期的见证。起初，他们完全依靠从野外寻求食物，但后来，他们自己种植了一些作物，最终完全变成仰仗农业而生。我们能得到如此宝贵的资料，多亏摩尔的艰辛努力。寻找新石器革命发生的原因和产生的结果，再也没有比阿布·胡荖剌丘遗址更好的地方：植物和动物的遗存能够提供有关饮食和栖息地的证据；人工器物和建筑能帮助我们了解人类如何以新技术和新生活方式来应对气候变化；骨骼则为人类身体本身的变化提供线索。通过将古代遗存与古气候数据相匹配，我们可以看到故事的全貌。

距今 1.34 万年左右，人类首先在阿布·胡荖剌丘遗址定居，我们把这些定居者称为纳图夫人。最早定居在这里的村民有 100 ~ 200 人，最开始村落里的房子都是一些小型的圆形房屋，房屋是半地下结构的，房顶覆盖着灌木丛和芦苇。人们一年四季都生活在这里，并且在周围的沼泽和沿河分布的森林走廊里猎杀动物。他们的狩猎目标以瞪羚为主，尤其是当春天羊群穿过这里的时候。不过他们也猎杀野驴、牛、羊和其他小动物。纳图夫人的植物性食物也很丰富（至少起初如此），他们吃橡子、杏仁、野生葡萄、无花果、豌豆、扁豆、小麦、黑麦、野瓜，富含淀粉的植物根茎，以及许多其他村庄觅食范围内生长的食物。也许这一幕可能和大多数人想象中，冰河时代的猎人形象不大相符，但是如果能在河岸的土地上安家，悠闲地享受生活，谁还愿意在开阔的草原上到处搜捕猛犸象？阿布・胡䓘刺丘遗址的纳图夫人定居下来，享受着生活慷慨的馈赠，就像 1 万年前奥哈罗二号遗址的居民一样。

然后，野生植物性食物开始一个接一个淡出考古记录之外。几个世纪以来，生物圈中提供的食物越来越稀少，在 500 年的时间里不断减少。首当其冲的是依赖降雨的食物，如林地水果、坚果、野生扁豆，它们的产量都有所下降；然后是野生黑麦和小麦；最后，即使是抗旱能力更强的植物，如蔗草和羽毛草也变得稀有。但是，正当野生食物不断减少时，一些饱满，似乎经过培育的黑麦似的谷物出现了，它们就像今天耕地上的杂草一样开始变得越来越多。考察团队还发现了磨石工具，可以肯定当时的居民用它们来处理黑麦。稍晚时还出现了扁豆和驯化的小麦。

之后，在大概距今 1.06 万年时，一切都发生了改变。在长达 3000 年的时间里，阿布・胡䓘刺丘遗址一直是个小村庄，但它突然间就变成新石器时代的一个城镇，生活着 2000 ~ 3000 人，而最终这个数字将增长到 5000 ~ 6000 人。想象一下，这个城镇不仅有数百座矩形的泥砖房，还有以农业为本的生活方式。根据从土堆上层筛选出来的无数杂草种子，我们可以看出一些地方经过培育的谷物要比野生的多。

他们的主要作物是小麦和大麦，不过也能找到扁豆。后来，小麦、鹰嘴豆和菜豆变得非常普遍，随着时间的推移，这些经过驯化的谷物和豆类植物逐渐取代野生植物。另一个转变是人们从狩猎瞪羚和其他动物，转而开始驯养绵羊和山羊。尽管驯化的猪牛数量较少，但在后期，它们也出现了。

环境变化与新石器革命

丹尼·纳德尔、安德鲁·摩尔和其他许多人耗费数十年光阴，搜集新石器革命前、革命中和革命后新月沃土上的人类生活证据。奥哈罗二号遗址是一幅末次盛冰期加利利海附近人类生活的图绘，让我们看到史前人类的生活基准。我们并没有在这里看到饥寒交迫的游猎者，他们不曾为寻找下一餐而在贫瘠的草原上徘徊不去。人们一年四季生活在这里，定居在一片波光粼粼的大湖岸边，周围是丰饶的林地。这里有鱼可捕，有瞪羚和鹿可猎，还有各种可以采集的野生植物。他们甚至可能有一块属于自己的耕地，在上面种植野生大麦、小麦和燕麦。我们曾经以为生活在末次盛冰期是一件困苦非常的事情，但奥哈罗二号遗址告诉我们，事实并非我们想象的那样。不过说实话，在漫长的寒冷和干燥的天气中，生活在奥哈罗二号遗址的人可能只是偷得半刻消闲，在温暖潮湿的尖峰时期过上了这样的生活（参见下一节“冰原”）。与此同时，一定有无数的游牧民族在北部草原挣扎生存，相比之下，他们的生活充满挑战。但奥哈罗二号遗址的证据预示着未来的走向，并且清楚地表明，在末次盛冰期，并不是每个人的生活都那么艰难。

现在，从奥哈罗二号遗址算起，让我们把时间向后推进 1 万年，看看阿布·胡赖刺丘遗址。虽然两个遗址中定居者的日常活动发生突变，使得一些人怀疑它们之间是否具有连续性，但毋庸置疑的是，奥哈罗二号遗址中的居民是狩猎采集者，阿布·胡惹剌丘遗址中的居民是农民和牧民。在最初的 500 年里，居民们满足于在郁郁葱葱的河谷家园附近采集狩猎，在开始种植粮食和饲养动物之前，他们就已经安顿下来。如果遗址中的黑麦种子和野草的确是耕作的标志，那么在人类第一次开始耕种的数千年后，这些种子数量仍然保持在低水平。考虑到遗址中年代稍近的沉积物，耕种者可能会由于人口增长的压力而增加粮食的产量。但是至少在阿布·胡惹剌丘遗址，定居在这里的村民最初好像并没有因为人口的增长而被迫种植。

这又将我们带回原来的问题：是什么促使人类开始耕种？是否有人试图积累盈余，借分发食物获得社会地位？他们是否已经找到自己的上帝，统治了自然？这些问题我们都无法回答。但也许，我们可以弄清楚气候在其中扮演的角色。为了做到这一点，我们需要与考古纪录尺度相当的地球气候史。我们知道末次冰期结束前的气候寒冷，冰河时代结束后气候转暖，但只知道这些还远远不够，我们需要更多气候变化的细节，需要知道在更新世到全新世期间，数世纪、几十年，甚至几年里的气温和降雨变化，否则对于生活在阿布·胡惹剌丘等遗址的人类，我们不可能找出他们饮食或生活的先后变化顺序。现在是时候破解地球近代气候史了，我们马上出发，穿好大衣去格陵兰岛看看。

冰　原

格陵兰岛的大部分地区都被冰覆盖。岛上的冰盖延伸近 70 万平方英里，最厚的地方差不多有两平方英里，占世界淡水总储量的 10%。如果这里的冰融化，将导致海平面上升 23 英尺，许多沿海城市都会被海水淹没。这片巨大的冰盖大约在 15 万年前开始形成，自那时起，它就一直在扩张。随着每一年的积雪堆积，位于下层的雪受到的负荷不断增加。当冰粒被压力压在一起时，表面之下的雪就会变成粒雪[1]。而在更深的地方，在积雪表面下方几十、几百米深的地方，当空气被密封时，粒雪就会变成冰。这个过程可能需要几个世纪之久。格陵兰岛的冰盖就像一个巨大的时间胶囊，空气、水和任何沉淀在新鲜雪花上的东西，如海盐、灰尘或火山灰，都被困在里面并被埋藏起来。

为了探测这个时间胶囊，古生物学家付出了艰辛的努力。事实上，我们知道的过去10多万年里的地球气候史，特别是北半球的气候史，大部分都来自格陵兰冰盖。为了解开蕴藏在冰盖中的秘密，在过去的半个世纪里，已经有几支考察队在冰盖上打了一些钻孔，钻进冰盖的核心，其中有两个项目的成果格外突出，它们一个是198～1992年的格陵兰岛冰心工程（the Greenland Ice Core Project），一个是1989～1993年的格陵兰岛冰原工程（Greenland Ice Sheet Project）。这两个工程是分别独立的研究，第一个工程的成员由欧洲人构成，第二个工程的成员则由美国人构成。他们岩心取样的地点距离格陵兰岛中心冰盖顶点的距离不到20英里，两个工程都从冰盖表面钻到基岩，钻探深度将近两英里，并得到了相同的结果。

美国考察队的理查德·艾利（Richard Alley）在《两英里的时光机》（*The Two- Mile Time Machine*）中讲述了当年的故事。格陵兰岛的冰心钻井是一项巨大的工程，它在很多方面类似于海洋钻探，只不过工作环境换成零下30摄氏度，永远见不到日出的极端环境，而且雪地里挖出的一道沟槽就是实验室。格陵兰岛冰原工程计划每个夏天展开两次为期六星期的考察，每次派出由钻井工人、科学家和后勤人员组成的共50人的队伍。钻机的工作终端是一个可旋转的金属钻头，钻头长约15厘米，底部带有锯齿，从100英尺高的钻井塔悬吊下来——钻井塔从一个圆顶建筑中伸出来，建筑内部不受恶劣天气的影响。钻探

[1] 指原始结晶形态的雪，是在热力或压力作用下，经过融解再冻结而形成的团粒状的雪。

工人实行轮班制，昼夜不停地工作，将每次提上来的长约 3 英尺的冰心切割成长约 13 英寸的片段。科学家每周工作 6 天，每天工作 10 小时，他们研究这些冰心，并分选准备运输回去的部分。从开始钻探到钻入基岩结束工作，他们总共花了 5 年的时间（图 7.2）。

冰盖的顶点在北极圈极北之地，所以夏天太阳永不落下，冬天永远见不到日光。在夏天，地面积雪由于阳光照射升温因而比冬天的轻。这会导致冰心中产生肉眼可见的层次，而这些分层就好像树的年轮，可以用来计算年代。由于厚度增加，冰雪上层对下层的压力越来越大，越向下，雪层越薄，也越来越难以区分。不过雪的化学成分会随季节变迁而改变，冰心的电流脉冲也可以帮助我们定年。测定的年代还可以根据需要检查和纠正，因为我们可以将其与特定火山事件中火山灰的化学特征做比对，这些事件发生的时间是已知的，比如埋藏庞贝古城的维苏威火山喷发。

冰心可以告诉我们许多过去气候的讯息。我们可以从水分子开始

图 7.2　极昼时，格陵兰岛冰原计划搭建在冰盖上的钻塔

照片来自理查德·艾利。

研究。我们曾在第4章中提到，超过99%的氧原子都是有8个质子和8个中子的氧-16，其余的氧原子则大部分都是有10个中子的氧-18。回想一下，既然我们可以用钙质结核或有孔虫的同位素比值作为测量过去温度的“古温度计”，那么我们也可以用同样的方式检测冰心中的水分子。在这种情况下，水分子的原子质量会因为氢氧同位素的不同而发生改变。氘（^{2}H）有一个中子，而更为常见的氕（^{1}H）则一个中子也没有。质量较轻的水分子凝结成的冰，往往由较冷气候下的积雪形成，所以我们可以用冰心追踪气温的变化，正如我们用钙质结核或有孔虫的壳来探测气温变化一样。

我们也可以看看封存在冰块中的风成颗粒。肮脏的冰标志着干燥多风的气候条件，因为在有风的条件下，盐和灰尘会被风从海洋和大陆以外的地区吹入极地。冰块中的气泡也是我们研究的目标，古气候学家可以测量被困在其中的空气，探测当时空气中二氧化碳和甲烷的含量。在工业革命之前，空气中的二氧化碳含量主要受世界海洋的控制，温暖时期的二氧化碳含量较高。甲烷则来自湿地中的微生物，气候越是温暖潮湿，植被也就越多，大气中的甲烷含量也就较高。

两个冰心工程的古气候学家逐层测量这些代表气候变化的指标：水分子的同位素比值、冰块中灰尘和海盐的数量，气泡中二氧化碳和甲烷的含量。他们据此建立起极佳的古气候变化档案。随着时间的流逝，在最后一个冰河时代，冰心明显变暗，且越来越脏。正如我们所想，寒冷干燥的气候条件促成这样的变化。但是实际上的细节可能还要更丰富一些。冰心告诉我们，气候是变幻无常的野兽。它可以数千年保持稳定，也可以瞬息变幻不定。当地轴倾角和与日地距离恰到好处时，或是板块聚合或分离时，或是冰盖增厚，又或是海洋循环模式发生改变时，气候条件似乎偶尔会达到一个转折点。正如理查德·艾利发的记录一样，每过几年或几十年——特别是在剧烈、长期的变化之前，气候就会冷暖交替,像灯泡在烧坏前那样忽明忽灭。在生物圈自助餐中,食物被突然呈上,又突然被撤下,对于气候变化时生活在地球上的人类来说,这对他们的生活有极大的影响。

让我们来观察一下细节。从末次盛冰期开始到全新世,大约在 2.5 万年前,北半球寒冷干燥,格陵兰岛中部的气候尤其残酷,大气中的二氧化碳减少,甲烷浓度达到 10 万年来的最低水平。这时的冰心光泽暗淡,而且里面全是灰尘和海盐,北半球大部分地区被激烈而频繁的冬季风暴所扰,地球深陷于冰河时代,这个时代将持续 1 万年以上。不过偶尔也会有温暖的时期,其中一个温暖期似乎就在 2.34 万年前,也就是人类开始在奥哈罗二号遗址生活的时候。

1.47 万年前的冰心突然有了变化,变化始于所谓的博令 - 阿勒罗德暖期。此阶段冰心的气泡中,甲烷和二氧化碳的浓度都较高,表明大气中温室气体的含量开始反弹;水分子中的氧同位素比值也表明温度在升高;冰心中的灰尘含量也在减少,这是表明气候变得平静、温暖和潮湿的另一个迹象。整个世界解冻了。虽然在这个温暖的间隔期间,一个短暂的寒流——老仙女木冰期,将阿勒罗德和博令间冰期分隔开来,但总体而言,在此期间 1800 年的大部分时间里,北半球的气候温和,至少有那么一段时间,沙漠和草原变为湿地和森林。

但更新世还没有结束。大约在 1.28 万年前,"大严寒"来临。这是大冰河时代最后的喘息,古气候学家称之为新仙女木冰期。冰中的氧同位素比值表明,当时的温度在短短几十年的时间内骤降,格陵兰岛气温最低的时候,气温的最高值比今天低近 30 摄氏度。当时的雪层特别薄,表明气候再次转为干燥,高浓度的灰尘和海盐则说明,当时风力的平均强度是今天的两倍。热带湿地变得干燥,高纬度地区开始冻结,大气中甲烷的含量逐渐下降。末次冰期进入全盛,持续 1200 年之久。对人类而言幸运的是,此后地球上再没有类似这样的气候条件。

在 1.16 万年前，新仙女木冰期终于结束。它的结束比其开始时更加突然。冰心记录了 40 年内分为三步的变化，每次变动的时间长约 5 年。大部分的变化出现在第二步。随着格陵兰岛变得温暖，积雪在三年内增加了一倍。当风力减弱，灰尘含量降低，湿地渐渐恢复时，大气中的甲烷浓度随之上升。气候变化并没有持续数千年或几个世纪，而是在短短几年内迅速发生。它发生得很快，生活在当时的每一个人都会意识到这一点。更新世终于结束了，很快，气候条件就变得比以往任何时候更加温暖湿润。

气候与考古

格陵兰岛冰盖记录下气候变化的突然发生，剧烈的气候变化改变了人类当时生活的世界。你可以想象一下这是一幅怎样的景象：目睹一场从未结束过的干旱，或者年少时的干旱草原变为繁茂的森林。长者们大概会围在火炉旁，在入夜时讲述他们“当年”的故事。

在阿勒罗德间冰期，最初定居在阿布·胡惹剌丘遗址的人发现了这片丰饶的土地，当时的环境温暖潮湿。在那里，纳图夫人沿着幼发拉底河，在沼泽地、廊形森林及更远处的林地中猎杀动物和采集植物。大自然为他们提供了丰富的食物，他们既不需要迁移，也不用种植作物。所以他们定居下来，丰富的资源足以维持上百代人的稳定生活。然而，大自然猝然发难。干冷多风的新仙女木冰期使原本密集的乔木和灌木被淘汰，这些植物过于依赖降水，无法在干冷的气候下存活。草原去而复返，再度占据幼发拉底河的中段。无情的气候条件迫使居民越来越依赖耐旱的食物，根据摩尔的说法，正是在这个时候，家家户户开始种植，补充日益减少的野生食物。起初他们种黑麦，后来又加种小麦和扁豆。

历经阿勒罗德间冰期和新仙女木冰期后，阿布·胡惹剌丘遗址的规模仍然保持小而稳定。这里不存在外部驱动力驱使人们种植作物来供养不断增长的人口，大自然也没有推动农业发展，没有向居民承诺温和的气候和稳定的降雨，以确保丰收。在气候更干冷的时候，耕种似乎带给村庄足够的替代食物，恰好弥补生物圈自助餐的不足。

当然，这并不意味着每个人都以同样的方式回应新仙女木冰期的气候变化。尽管在奥哈罗二号遗址的时段内，生活在新月沃土上的狩猎采集者都以野生小麦和大麦为主食，但是除了阿布·胡荛剌丘遗址，全新世之前很少有其他地方的人类开始种植作物的证据。在一些地方，生物圈中供应的食物一贯丰盛，气候并没有对人类生活造成太多影响，既然自然环境中有食物可吃，为什么还要种植？但是，也有一些地方受干旱的影响极深，随着果树和野生谷物的消失，许多小村庄遭到遗弃，居民四散而逃，散落天涯。阿布·胡荛剌丘遗址的情形似乎介于这两者之间。

科学家倾向于一致和可预测的行为方式，比如新仙女木冰期发生的，可能导致单一具体反应的事情，譬如种植。但生活是复杂的，在各种情形下，人类会以不同的方式作出回应。即使他们的反应是一样的，但在整个新月沃土上，情况也不尽相同。从地中海沿岸的平原到约旦河谷，再到托鲁斯山脉和扎格罗斯山脉的丘陵，各异的地形地质意味着不同地区生物圈供应食物的方式有所不同。不同的心态、挑战和机遇意味着对气候变化的不同反应。而阿布·胡荛剌丘遗址的居民选择掌控自己的世界。

直到大约 1.15 万年前，新石器革命才开始在新月沃土上蓬勃发展。温暖和潮湿的气候条件必定树立了人们的信心，他们相信努力种植就会获得可靠的回报。大气中二氧化碳的增加也意味着产量增长，而更大的永久性定居点也出现了，其内部发现的粮仓暗示着丰收和盈余。农业的发生看起来并不是一场革命，更可能是一场演变。以伊朗扎格罗斯山麓附近的遗址为例，至迟在全新世开始之前，乔加戈兰村的居民就已经开始种植野生谷物、扁豆和豌豆。但是，在之后的1000年里，驯养的形式并没有普及。

与此同时，阿布·胡荖剌丘遗址的人口突然大量增加，或许是因为有大量的外来人口涌入。到底是人口的自然增长迫使村民增产，为新兴的城镇提供所需的食物，还是存在另一个农人群体从其他地方迁入，接管了这片区域？两个可供采样的遗址之间，没有发现太多关键时期的证据，因而无法肯定哪种猜测才是正确的。也许这个问题的答案仍然深埋地下，淹没于阿萨德湖的水面之下。但无论是在哪种情况下，有利的自然条件都已经恢复，新石器时代正在稳妥前行。耕地养育了成千上万的人，人类距离文明的曙光已经非常贴近。

身体的改变

我们可以从考古记录中看到人类从狩猎采集到农耕的转变，而格陵兰冰心所揭示的气候变化有助于我们了解这种转变。但是对于生活在这一时期的人类，这些转变对他们和他们的后代有什么影响？如果气候变化和食物选择推动了人类进化，那么在过去的这个过程中，它们也必然对人体生物学存在某些影响。

在某种程度上，人体生物学的变化其实并不显著。现代人和最初一批开始耕种和放牧的人类几乎相同。以现存的几个以狩猎采集为生的群体为例，他们的祖先从未进入过新石器时代，但就人性而言，今天的狩猎采集者和其他人基本上没有任何不同。为什么会这样呢？人们种植作物、饲养动物的历史距今不过几千年。由于人的寿命不到一个世纪，数千年可能听上去是一段很长的时间，但对于那些存在时间以数百万年计的工作方式而言，千年不过转瞬之间。另外，食物生产确实对人体生物学产生过实际影响，不过影响相当微妙罢了。通过种植作物和饲养动物的方式，新石器时代的人开始了自身的改变。我们可以从他们的骨头和牙齿上看出这些变化。

生物考古学食痕

我们曾在第 5 章提到尼古拉斯·范德莫维，他利用碳同位素追踪史前时期纽约州的人类从狩猎采集到农业的过渡。玉米本质上是一种热带禾本植物，碳 -13 含量高于北部的野生植物，因此对于早期食用玉米的农民而言，他们的骨骼和牙齿上的碳 -13 含量远远高于以前的狩猎采集者。新月沃土上的情况是否同样如此，我们是否可以用碳同位素来记录新石器革命带来的转变？不幸的是，这时人类最主要的两种作物是小麦和大麦，它们的碳同位素比例与狩猎采集者食用的野生植物相似，二者的碳同位素基本上没有任何差异。

与碳同位素研究不同的是，牙齿的微磨损可以帮助我们。生物考古学家帕特里克·马奥尼（Patrick Mahoney）研究特拉维夫大学收藏的牙齿，这些牙齿样本分别出土于 11 个不同的遗址，来自于近 100 个人，他们既有更新世晚期的狩猎采集者，也有新石器时代和青铜时代的农民。经过研究，微磨损显示的模式十分有趣：随着时间的推移，牙齿表面小凹坑和窄划痕的磨损，以及大凹坑和宽划痕的磨损交替出现。马奥尼指出，这些变化可以指示人类所吃的食物，也可以反映食物的准备程度。奥哈罗二号遗址的居民与纳图夫人的差异肯定反映的是饮食差异，但其后的变化则似乎与磨石带入饮食的沙砾有关。此外，人类在锅中烹饪以软化食物的行为，肯定也会影响微磨损的差异。虽然解析这些信号可能并不容易，还需要进一步探究细节，但马奥尼的研究清楚地表明，微磨损确实追踪到人类在不同时期的饮食区别，以及准备食物的方法的差异。

在20世纪90年代，另一位生物考古学家——大英博物馆的塞雅·莫莱森（Theya Molleson）观察了阿布·胡荖剌丘遗址内纳图夫人的牙齿微磨损。虽然摩尔和他的团队当年在重要的低地上发现了几具珍贵的骨骼，但可惜的是，他们挖掘的沟槽似乎没能穿过墓地（如果有的话），没有找到数量足够的纳图夫人牙齿样本。所以莫莱森无从推断博令间冰期到新仙女木冰期，或更新世到全新世之间人类的饮食变化。不过，她可以将纳图夫人群体与后来崛起的新石器时代的人做比较。莫莱森发现两者之间存在明显的差异。在新石器时代，人类牙齿上的微型凹坑更多，这表明他们在大力发展农业，与早前的纳图夫人相比，在总体上，他们的牙齿磨损程度更高。这可能是因为他们更依赖谷物，而这些谷物曾在多沙的磨盘上脱壳、研磨，沾有砂石。而且在进入新石器时代的几千年后，还出现了另一个重大变化——人们开始用锅烹饪食物。因此，随着饮食中出现粥或其他湿软的食物，人类牙齿受到的磨损逐渐降低，牙齿表面的凹坑数量也逐渐变少。微磨损不仅仅是人类饮食变化的记录，也是食物收集和准备的记录。

还有另一类食痕尚未被我们纳入考虑的范围，它就是古病理学。古人类学家很少关注营养不良、患病，或存在其他可识别状况的骨骼和牙齿，但许多生物考古学家很关心这个问题，他们拥有许多可供研究的证据，如今还有大量的法医学案例可供对比（图7.3）。狩猎采集到农业的转变对人类身体有何影响？我们可以询问一位生物考古学家，特别是专门从事古病理学研究的学者。

1668年，英国哲学家托马斯·霍布斯（Thomas Hobbes）在《利维坦》（*Leviathan*）中写道，人类自然的生活条件是“孤独、贫穷、肮脏、粗野和短暂的”。新石器革命必定改善了那些定居者的健康和生活，让他们得以享受可靠的食物供应。早期的农民可以在晚上随心所欲地饱餐一顿，因为他们知道自己不再为大自然的率性所束缚。人口随之兴旺

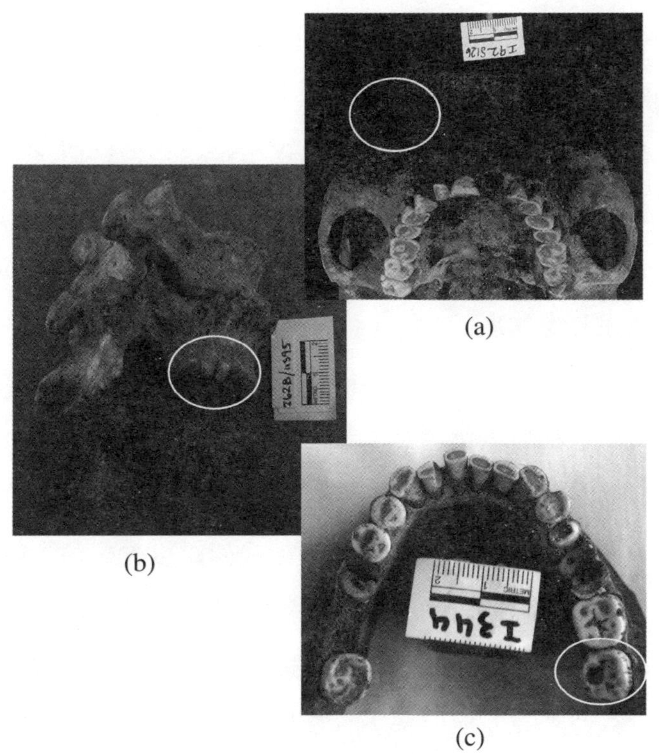

(a)

(b)

(c)

图 7.3　古病理学痕迹

(a) 眶顶板筛孔样病变；(b) 骨性关节炎；(c) 龋齿。以上样本都来自于古埃及的阿马尔那。图片来源于杰里 · 罗斯（Jerry Rose）。

起来，阿布 · 胡薏刺丘遗址就是其中的典型。著名的人口学家安斯利 · 科尔（Ansley Coale）估计，当末次冰期结束时，地球上的人类数量总共只有 800 万。粮食生产使人口数量从此可以成千倍增长，而这都要归功于新石器革命。引用歌手埃塞尔 · 默尔曼（Ethel Merman）的歌词，一切都"向瑰丽的方向顺利发展"①。

但瑰丽的方向也有荆棘。举例来说，莫莱森仔细观察阿布 · 胡薏刺丘遗址里的人类骨架，她发现女性的脚趾变形，大腿骨弯曲，膝盖和背部患有关节炎。她发现新石器时代的女性曾长时间跪在地上，弯腰驼背，用磨石研磨谷物。农业需要为"城镇居民"提供食物，保证

①歌词原文为"coming up roses"，意为一切都会顺利，而字面意思是"即将迎向玫瑰丛"。后一段的首句直译应为"玫瑰有刺"，对应前面的比喻。

数千人的饮食。但这是一项十分艰苦的工作，当时的人类，特别是妇女必须为艰辛的生活而努力。相比之下，纳图夫人的骨骼就不存在这些病变，他们的生活肯定要容易一些。乍听之下，这似乎令人惊讶，但如果你曾参与第 6 章中提到的“男性狩猎者”研讨会，那么也许你会有更加直观的认识。早在 20 世纪 60 年代，文化人类学家就开始意识到，狩猎采集者的生活实际上比大多数现代人更加悠闲，有的人甚至称狩猎采集文化为“原始小康社会”。

如莫莱森这样的生物考古学家火上浇油，展示了更多农业的负面影响。新石器时代早期的农民不仅要为果腹而更加努力工作，而且他们的饮食通常也不太健康。农业可以为我们的祖先提供大量的食物，但同时这也意味着他们依赖适合谷物生长的草地，而作物能提供的营养相对匮乏。换句话说，早期农民的饮食中虽然可能热量足够，但这些饮食的营养组合并非他们身体的需要。这是能量型营养不良与结构性营养不良之间的区别。

举个新世界[①]的典例。玉米虽然热量高，但缺乏一些必需的氨基酸、维生素和矿物质。我们可以看到新石器时代早期农民的营养缺陷，他们身形矮小，具有特征性贫血，头骨有独特的海绵状外观。这些都是病理学家用了数十年的陈旧例子，他们以此说明新石器时代的革命导致了人体的营养不良。虽然这听起来好像很不合逻辑——食物更多，反而导致营养不良，但有时候事实就是如此。这就像在海上漂浮的救生筏，筏上的人被水包围，但人却遭受脱水的折磨。

生物考古学家也将口腔健康视为一种表现整体健康的窗口。随着牙齿和牙龈的老化，身体的其余部分也会退化。无论两者是否互为因果，但口腔健康与否的确与各种疾病有关——心内膜炎、心血管疾病、早产、低出生体重、糖尿病、艾滋病、骨质疏松症，以及阿尔茨海默病等都

①新世界指南美洲、北美洲及其附近岛屿。

与口腔健康有关。由于牙齿通常比身体的其他部分更容易保存，所以研究人员在考古遗址中做了大量工作，古病理学家和古生物学家一样喜欢牙齿，他们写下许多有关古代人类的龋齿和牙周病的著作。

他们的研究大部分与美洲新石器时代的过渡有关。生物考古学家发现，在新世界，新石器时代的平均龋齿率增加了五倍。他们将这些蛀牙看作食痕，来标记人类从野生食物到玉米的饮食变化。因为碳水化合物会滋养牙菌斑里的细菌，导致龋齿。人类食用糖和淀粉，这些细菌便会产生乳酸。碳水化合物越多，乳酸便越多，牙齿上的洞也就越多。

牙周病也是一种食痕。牙菌斑释放毒素，导致身体产生抗感染分子，也就是所谓的细胞因子。牙菌斑越多，免疫系统反应越大。随着两者激烈的争斗，牙龈、将牙齿固定在下颌的韧带以及颌骨本身都会被“误伤”。牙齿受到的损害可以被视为间接伤害。说实话，牙周病与农业之间的关系不如龋齿和玉米种植之间清晰。我们很难区分牙齿是受疾病的影响，还是在埋葬期间或之后遭到损害，牙周病初期甚至不会对颌骨造成任何影响。然而，在新石器时代开始时，牙齿损伤确实在某些地区变得更加普遍。部分研究人员已经将其看作过渡的标志。

美洲的口腔健康故事似乎简单明了：玉米成为生活的一部分后，牙齿健康情况便急转直下。但是人们并不知道新月沃土上的农业于何时开端，为了记录口腔健康的变化，在特拉维夫大学，赫斯科维奇（Hershkovitz）和他的同事比对了近 2000 名纳图夫人和新石器时代早期骨骼的牙齿，但他们发现龋齿率或牙齿损失没有明显差异。这说明新石器时代的转型在近东地区带来的饮食变化不及新世界吗？毕竟早在人类于黎凡特驯化谷物之前，在奥哈罗二号遗址和阿布·胡惹剌丘遗址，野生大麦和小麦已经成为人类的主食。

然而，赫斯科维奇和他的同事确实发现一些差异。患牙周病的纳图夫人较多，牙齿的磨损较快，而新石器时代的人牙垢越来越多。但这些差异可能更多地与人类如何准备食物的变化相关，而与食物本身的变化关联不大。这也说明，特拉维夫的团队没有找到营养性疾病差异的骨骼标记，如与贫血相关的颅骨变化。之后他们的牙齿虽有变化，但也不能体现从狩猎采集到粮食生产的初步过渡。

新石器革命带来的进化

骨骼和牙齿病变可能会显示人体对饮食变化或食物获得和加工的反应，但它们无法告知我们，身体如何发展以适应这些变化。如果病变确实存在，也只能说明新石器时代的人类并没有适应农业生活。这并不奇怪，一千年只不过是几十代人的更替而已。在如此短的时间内，能够发展的变化（如有助于消化的酶）可能十分细微。

在我们祖先的基因中，有特定的“工具”使他们可以消化吃下的食物。不同的食物需要不同的酶将其分解，以便身体消化。换句话说，如果没有遗传改变，没有进化出所需的酶来充分利用新的食物，饮食的变化可能就没有意义。在新石器革命这样短暂的时间尺度上，这是我们认为能够快速进化出来的事情。事实也正是如此。在课堂上，生物人类学家有越来越多的例子来说明人类最近的进化。

总体而言，人类消化淀粉的能力比黑猩猩更强。这实质上取决于一种名为 AMY1 的基因，这种基因的存在使唾液腺中的细胞可以制备淀粉酶。AMY1 越多，唾液中的淀粉酶就越多。淀粉酶分解淀粉的过程从口腔开始，并在肠道中持续。它像切割机一样，将淀粉分子分解成麦芽糖，而麦芽糖又被另一种酶分解成葡萄糖，以供人体消耗所需。人体内 AMY1 的数量多于黑猩猩，更重要的是，我们作为农业文明的后代，体内 AMY1 的数量往往也多于狩猎采集者。换句话说，为了更有效地消化诸如小麦、大麦和大米之类的谷物，或像土豆和山药这样的植物根茎，农人的后代在很短的时间内完成了进化。

乳糖酶耐受性是近期进化的另一个例子。在我们之中，一些人消化牛奶的能力比别人更强。如果你是乳糖不耐受者，那么只要舔上几口冰激凌，可能就足以引起痛苦的胃痉挛和其他不愉快的体验。如果这种进化可以遗传给后代，这可能会造成某些问题。不过许多成年人不能消化牛奶的事实也不足为奇。大多数哺乳动物在断奶后就不再产生乳糖酶，而正是这种酶将乳糖分解为单糖。如果你是农民，这种能力在婴儿期后就再也用不着，那么也就没必要消耗能量产生这种酶。但如果你是一个牧民，需要依靠山羊奶、骆驼奶或牛奶中的营养成分生活，那么产生乳糖酶对你而言便不算浪费。基因突变使得人体进入成年期后，也能产生乳糖酶。这种突变后的基因自人类驯养动物以来就已经存在并且遗传下来。

酶是一个说明人类如何随饮食改变而进化的极佳例证。它们清楚地表明，新石器革命可以作为一把衡量人类小规模进化的标尺。但是对于研究已有百万年历史的化石的人而言，酶的意义不大。他们对牙齿和颌骨的适应性变化更感兴趣。从狩猎采集到农耕的过渡期是否足够长久，使我们可以看到牙齿与颌骨的变化？答案是肯定的。至少在某些群体中，人类的牙齿和颌骨变小了。回顾第 6 章，路易斯 · 利基和他的同事认为，当工具开始被用来采集和加工食物时，古人类便进化出了更小的牙齿和更薄的颌骨。事实上，利基及其同事正是用牙齿大小和下颌强壮性来定义人属特征。他们认为这些特征标志着通往人类的道路上的一个里程碑，一种新的对文化和科技的依赖，使得我们在世界上走出一条属于自己的道路。在更新世期间，从上一个人种进化为下一个人种，人类的颊齿越来越小。这种变化模式虽然有些混乱，但大体趋势确实如此。

即使在全新世时间较短的范围内，人类也在按照这个趋势进化。

比起非洲、欧洲和亚洲部分地区的狩猎采集者，新石器时代的人牙齿更小。即使在黎凡特，我们虽然看不出龋齿率或牙齿缺失的变化，但也能看到早期农民的颊齿窄于他们的祖先纳图夫人。利基及其同事就此做出解释，认为人属之所以有这一变化，是由于技术的创新和饮食的变化减轻了维持较大咀嚼平台的选择性压力，而这一变化也同样适用于早期农民。人们碾磨谷物，然后在陶瓷锅中将其烹饪成更软的食物，在这种情况下，并不需要硕大的牙齿和健壮的下颌去咀嚼粥或稀饭。

但是这依然不能解释牙齿为什么会变小。如果大自然遵循"不用即弃"的模式，减轻选择性压力的后果或许如是，但自然并不遵循这样的规律。较小的牙齿必有其优势，或者较大的牙齿必有其缺陷，否则不会发生这样的改变。我个人认为对这一现象最合理的解释，是多年以前芝加哥洛约拉大学的生物考古学家詹姆斯·卡尔加洛（James Calcagno）和凯瑟琳·吉布森（Kathleen Gibson）提出的理论。他们注意到，在苏丹北部，新石器时代人类的颌骨和牙齿小于其以狩猎采集为生的先祖，并据此提出颌骨和牙齿之间的联系。

我们知道，由于骨骼对张力的反应，颌骨会变得强壮。但是另一方面，牙齿形成后却不会变化。所以大自然必须估算咀嚼的压力，评估在这样的情况下，成年个体的颌骨长约多少，而牙齿多大才符合颌骨的尺寸。换句话说，因为颌骨在特定的压力环境中发育，所以牙齿的进化须适应下颌的尺寸。如果实际的张力小于自然预估的数值，颌骨便会发育不足，无法正常容纳所有的牙齿。前面的牙齿可能会挤在一起或向前凸出，而后面的牙齿也可能会挨挨挤挤或是倾斜扭曲。牙列拥挤会导致龋齿和咬合不良，两者会对大牙齿的生长造成较大的负面影响。大多数的美国牙医认为，遭到挤压的智齿会产生一系列问题。简要地说，牙齿变小是因为饮食的转变，人类过去食用块茎和瞪羚肉干，后来却吃粥和稀饭。这么一来，咀嚼压力的减少使得颌骨变小，因此自然选择倾向于较小的牙齿。有关这一点，我们还会在第 8 章中详细介绍。

还有一件事很有意思，在从狩猎采集向农业过渡时，黎凡特的人类牙齿和下颌长度逆势而动，龋齿率也是一样。此外，在新石器时代早期，和之前的纳图夫人相比，黎凡特的人类从舌头到面颊部分的牙齿更窄。有人解释说，这是为了平衡易生龋齿的饮食带来的影响，减少牙齿与食物的接触面积，从而降低龋齿率。总之，要了解牙齿在过去的几千年里为什么缩小，又具体如何缩小，还有很多工作需要完成，新石器革命显然与此相关。

本书的中心预设是：人类的进化是由气候变化推动，通过生物圈自助餐中的食物供给而达成的。现在让我们回到本章开头提出的问题：这种变化最近对我们有何影响？答案是，在过去的万余年里，它对人类多方面的生活造成影响。或许，在从狩猎采集到农耕的过渡中，不止人类的野心发挥了作用，他们自我认识的改变，还有满足不断增长的人口的需求也在推动着过渡。我并不反对上述观点，但是，如果没有适应的气候条件，新石器时代的变化还会发生吗？人类在阿布·胡赖剌丘遗址开始种植作物时，新仙女木冰期刚刚开始；农业在新月沃土扩展时，恰好也是全新世的开始。难道这些都仅仅是偶然吗？既然其他动物在自然条件改变时会调整自己的饮食，那么人类也必定如此。只不过人类的方式是种植作物和饲养动物，自行补充自助餐的菜品。拉斐尔·庞佩利固然弄错了很多问题，但至少有一点他是对的，那便是在末次冰期结束时，至少在某些地方，的确是气候变化引发了农业的出现，而农业的发展又启动了一系列事件，并最终引领我们成为今天的人类。

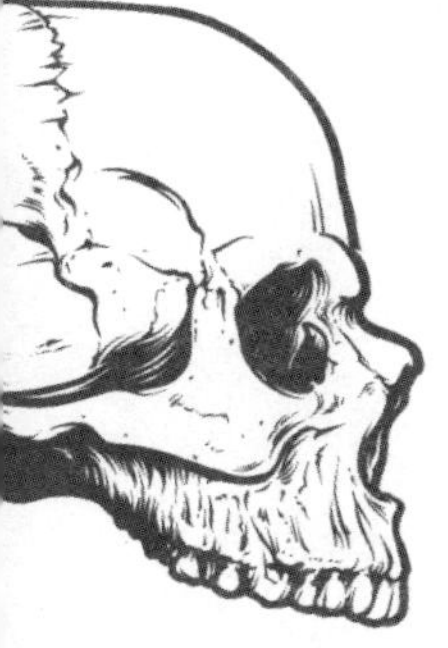

第 8 章　成功背后的牺牲

地球上最成功的物种绝非人类。以数量计，所有人类加在一起不到 80 亿，而蚂蚁却有百亿之众；以生物量[①]计，牛比人高出 50%；如果按物种存在的时间衡量，人类虽然已经生存了上百万年，但鲎在 1.5 亿年间几乎一直没有改变。更不用说人类对世界的影响——我们向大气呼出的碳含量和 23 亿年前蓝藻呼出的氧含量相比，根本不可同日而语。大氧化事件从根本上改变了地球生态，而人类最多只是隔靴搔痒，没有产生太大影响。我们不过自以为重要罢了。喜剧演员乔治·卡林（George Carlin）在他的 HBO 演唱会“纽约即兴演唱”上说得不错：“这个星球经历过比人类更糟的事”，而且最终一定会“如抖掉跳蚤一样摆脱人类”。毕竟所有的生物都在地球的支配之下。

不过，我们也并非一无所长，物种的传播就是例子。从北极的格陵兰岛到最南端的那瓦里诺岛，从炎热贫瘠的阿塔卡马沙漠到雨水浸润的梅加拉亚邦森林，从安第斯山脉再到死海海岸，到处都有人类的身影。哺乳动物中，能在传播方面与人类一较高下的仅有褐鼠，而且

①指某一时刻单位面积内实存生活的有机物质（干重）（包括生物体内所存食物的重量）总量。

这也只是因为它们与人类如影随形，紧跟着人类的脚步扩散到地球上的大部分地方。

我们曾在第 6 章提到，变化的世界从我们中间筛去挑剔者，自然使人类成为一个百无禁忌的物种。因此只要是生物圈自助餐中供应的食物，不管何种类型，都能满足我们的口腹之欲。这就是人类能够改变游戏规则，从狩猎转向种植，真正开始消费这颗星球的原因。不过，这也意味着人类可以吃下各种以前从没吃过的东西来补充身体的能量，比如炸黄油、热狗、棉花糖……显然，现代人已经克服“可以吃的东西”和“应该吃的东西”的区别，并由此沦为物种成功背后的牺牲品。

人类的纯自然的饮食是什么？我们天生是肉食者，还是素食者？用更现代的形式表达：我们是否应该减少摄入饱和脂肪或碳水化合物？我们将借用新的视角，重新审视这个古老的问题。从我们目前的角度看，这个问题似乎没有答案，因为问题本身建立在人类饮食发展的根本误解上。不过，这并不意味着我们无法从中受益。这本书以牙齿开始，也以牙齿结束，告诉我们牙齿蕴含的有关人类的信息。

从毕达哥拉斯到佩林

什么是自然的人类饮食？人们从未停止争论。数千年来，食用其他动物经常被认为是一个道德问题。狮子吃肉，是它们别无选择，但人类就不同了。以古希腊哲学家毕达哥拉斯为例。一提起他，中学生就会想起数学课上的勾股定理，但对于道德素食者而言，他是守护神一般的存在。“以肉体喂养肉体，为饲贪婪之躯，而吞食另一具躯体；一个生物借助另一个的死亡而活，实在荒唐！”两千五百年后的今天，只要看看“善待动物组织”的网站，就会发现有关肉食的观点并没有发生太大改变。不过在如今，我们社会中也有莎拉·佩林（Sarah

Palin）这样的人物，她在一本书中写道：“如果上帝不打算让我们食用动物，又为什么让它们长出肉来呢？”虽然我讨厌她的说法，但她的话不无道理。根据《创世记》第 1 章第 29 节的内容来看，亚当和夏娃大概是素食主义者，但是在《创世记》第 9 章第 3 节中，上帝非常明确地向诺亚提供肉食。人类“天性”该吃什么？人类显然不是肉食动物，有一个与之相关的十分有趣的故事。在 19 世纪初，一群学生恶作剧，打算和博物学家乔治·居维叶开个玩笑。其中一个学生扮成魔鬼，半夜三更把乔治叫醒，故意吓唬他：“居维叶，我要吃了你！”据说居维叶睁开眼睛，瞥了一眼顽皮的学生，淡定作答：“所有有蹄有角的动物都吃草。”然后翻个身，又睡着了。虽然人类没有角或蹄，但也不像某些哺乳动物一样，进化出了能杀死并吃掉其他动物的爪或牙齿。

但这并不能说明人类祖先都是素食主义者。我们在第6章中了解到，作为食肉动物锋利牙齿的替代品，早期古人类发明了武器。比起进化出锋刃般的牙齿，将鹅卵石打制成薄片更为容易。在类似奥杜瓦伊峡谷的地方，动物的骨骼化石上留有被石器打出的小洞。除了食肉，他们这样做的目的还有什么呢？制造工具还给古人类提供了更多的食物选择，超出特化牙齿允许的饮食范围。此外，早期古人类的牙齿实际上更尖，内脏比其先祖南方古猿的更小、更简单（回顾第 6 章中莱斯利·艾洛的研究）。不能仅仅因为人类的长相不像猫或狗，所以我们就不“应该”食肉。至于吃荤还是吃素，应当完全归于个人选择，不应该把食肉就是“违反自然”的观点强加在他人头上，逼迫他人做出抉择。

谷物是人类的杀手？

谷蛋白也并非不自然的食物。尽管人们普遍呼吁减少碳水化合物的摄入量，但大量证据表明，在人类培育出农作物以前，至少对部分人而言，谷物才是主食。我们在第 7 章中了解到，在被人类驯化的 1 万年前，在末次冰期的高峰期中，野生小麦和大麦就已经被奥哈罗二号遗址的居民纳入食谱。古植物学家阿曼达·亨利（Amanda Henry）及其同事甚至在尼安德特人的牙垢上发现了淀粉颗粒，其年代可以追溯到 4 万年前。这些大麦和高粱具有独特的形状，显示出烹饪带来的损伤。由此看来，人类在很早以前便开始食用谷物。

谷物是引领人类进入旧石器时代的饮食。我经常会被人问及对有关问题的看法。有时候，我不禁会想到伍迪·艾伦在电影《傻瓜大闹科学城》中扮演的角色，那个健康食品店的老板米勒斯·门罗。门罗于 1973 年被低温冷冻，并在 200 年后被一对穿白大褂的科学家阿贡和梅利克解冻。他们的谈话如下：

阿贡：他提了什么特别的要求吗？

梅利克：嗯，今天早上，他要吃麦芽、有机蜂蜜和虎奶。

阿贡：（笑）啊，是啊！那些东西在许多年前风靡一时，当时的人以为这些食物里含有生命物质。

梅利克：你的意思是他们就吃这些没有油水的东西？连牛排、奶油馅饼或乳脂软糖都不吃？

阿贡：他们以为你说的那些食物不健康，虽然事实正好相反。

梅利克：简直令人难以置信。

我个人并不推崇旧石器时代的饮食。我和我的大多数同事都认为，放弃比萨、薯条和冰激凌等美味实在太困难。多年以前，我和其中几位同事参加一个人类饮食演变的研讨会。会后共进晚餐时，我们点了马苏里拉芝士条和烤土豆皮作为开胃菜。当时博伊德·伊顿（Boyd Eaton）也和我们在一起，这让我很有负罪感。伊顿曾在杂志上发表过一篇开创性的文章，后来他又出版了一部名为《旧石器时代饮食指南》(*The Paleolithic Prescription*）的书。用旧石器时代饮食法导师罗伦·卡丹（Loren Cordain）的话来说，伊顿是“旧石器时代运动的教父”。他和他的同事认为，我们如今的食物和祖先进化的适用食物相矛盾。他们认为正是这种不匹配导致大多数慢性退行性疾病的出现，使得我们的医疗保健制度饱受困扰。现代人就像“快车道上的石器时代人”，因为我们的饮食变化太快，基因跟不上变化的速度，导致心脏病、糖尿病、癌症等许多疾病的发生。另外，代谢综合征，包括高血压、高血糖、肥胖症和异常胆固醇水平在内的一系列病症在快餐世界中普遍存在。要是我们可以回到祖先的饮食，那该有多好啊……

这个论点很有说服力。我们的身体确实没有适应面包和牛奶，花生和豆类，玉米糖浆和蔗糖，可乐和咖啡的食物环境。这就像把柴油加在使用普通汽油的汽车里，错误的燃料会对系统造成严重破坏，无论你是把它们填进汽车，还是塞进嘴里。既然这个观点如此有说服力，也就不难理解为什么现在旧石器时代饮食法非常流行。据了解，“旧石器时代”不仅仅是网上的热门饮食搜索词条，而且从麦莉·赛勒斯（Miley Cyrus）到马修·麦康纳（Matthew McConaughey），许多明星都“追随旧石器时代饮食”。虽然“旧石器时代饮食”的主题经常变化，但富含蛋白质和 Omega-3 脂肪酸[①]的食物却一再出现。在“旧石器时代饮食”中，食草的牛和鱼是较佳的食物，碳水化合物应来自非淀粉的新鲜水果和蔬菜。而谷物、豆类、乳制品、土豆，以及高度精炼和加工的食品全部出局。“旧石器时代饮食”要求我们像石器时代的祖先一样吃东西，只吃大概如菠菜沙拉配牛油果、核桃仁和切丁火鸡之类的食物。

这份菜单听起来不错，但它真正的营养价值如何？我不是营养师，

① Omega-3 脂肪酸为一组多元不饱和脂肪酸，常见于深海鱼类、海豹油和某些植物中，对人体健康十分有益。

谈不上权威。但 2015 年,《美国新闻与世界报道》[②]（*US News & World Report*）组织了一个由 22 位专家组成的权威评审小组，这个小组的专家将为 38 种流行饮食排名，结果“旧石器时代饮食”排在第 36 位。这种饮食方法在每一个评价类别中都得分不佳。选择这种饮食的明星中，平均五分之二的人体重下降，而且这种饮食还容易引发营养不良，导致糖尿病，影响心脏健康。英国饮食协会甚至宣称，这是“百分之百营养不良的饮食,可能会损害健康,破坏人与食物的关系”。不过“旧石器时代饮食”造成的轰动影响仍在持续，无论是赞成还是反对，仍有无数的书籍、文章和博客都在兜售他们的观点。

我认为“旧石器时代饮食”最有争议的部分不在其进化基础，而在于成本和收益。任何一种会使脂肪分解的饮食，都意味着该饮食无法满足人体每日的热量需求。如果说自然选择让人专门食用无法提供身体所需营养的食物，那么我无论如何都不会相信。虽然不同人代谢热量的方式不同,但他们的目标是一致的,那便是平衡长期的能源消耗。还有很多方法可以做到这一点，在我看来，美国心脏病学会和肥胖学会的临床实践指南已经给出相关的信息。这将我们直接引入主题。

回顾生物圈自助餐便知，旧石器时代的饮食不过是个神话而已。我们在第 2 章中了解到，某个物种的食物选择范围就是所有可食用的东西。就像一年之中，森林里的食物会一时消失一时重现那样，随着时间的推移，我们的世界也会发生各种各样的变化，食物也自然会随之而变。正是这种变化推动了人类的进化。即使我们可以（不过我们还做不到）重建某种古人类饮食的纤维含量、升糖负荷、脂肪酸、大量和微量营养素组成、酸碱平衡、钠钾比，但这些信息对于我们根据祖先的饮食来规划菜单而言也毫无意义。因为我们所在的世界始终在

② 《美国新闻与世界报道》是一本仅次于《时代》《新闻周刊》的美国第三大新闻杂志。它以专题报道美国国内外问题及美国官方人物访问记而显其特色。

变化，我们祖先的饮食也同样如此。截取进化中的某个时刻，关注当时人类祖先的状况，这么做只是徒劳而已，我们从来身在变革之中。人类祖传的饮食是什么样子？这个问题本身就没有意义。

古人类遍布世界各地，那些生活在河岸森林里的人类的饮食，肯定与湖岸或热带稀树草原上的“亲戚”有所不同。我们也不可能根据祖先的食物选择来制定菜单，因为即使是在同一个时刻，所有的食谱也都会因地而异。让我们来看一看生活时代和我们相近的狩猎采集者，他们激发了“旧石器时代饮食”爱好者的灵感。北阿拉斯加海岸的提基喀格缪特人的饮食几乎完全依赖海洋哺乳动物和鱼类的蛋白质和脂肪，而博茨瓦纳中部卡拉哈里的吉瓦萨人（Gwi San）则从碳水化合物丰富，含糖的瓜类植物和富含淀粉的植物根茎中获取高达 70%的热量。狩猎采集者设法从周边大范围的生物群落中获取食物，而那些生物的栖息地多种多样，从极地纬度到热带地区，不一而足。就我所知，很少有其他哺乳动物可以做到这一点。毫无疑问，摄入食物的多样性是我们取得成功的关键。在第 4 章，我们曾与里克 · 波茨一起到访肯尼亚的奥洛戈赛利叶盆地，了解到更新世的气候变化渐渐加剧，而气候的剧烈波动塑造了我们祖先灵活的饮食。无论受到影响的是它们的身体还是才智，又或者兼而有之，总之，最后灵活的饮食成为人类的标志。

进化生物学家玛琳 · 苏克（Marlene Zuk）曾提到，其实人类在“快车道”上的表现很好。现在距离人类开始适应“现代”生活方式的时间已过去 1.2 万年，这一段时间不可谓不长。人类不只灵活，而且可塑性强，易于改变。就像我们在第 7 章中提到的 AMY1 基因，其数量越多，唾液中能分解淀粉的酶就越多。以 AMY1 基因数量计，人类是黑猩猩的三倍，农民的后代往往也多于狩猎采集者的后代。自阿布 · 胡惹刺丘遗址的居民首次种植大麦以来，AMY1 在后来的五百代人中如野火般遗传扩散开来。还有一些基因的变体保留了分解乳糖的酶，让人体能够持续产生。在我们之中，拥有牧民血统的人在成年后更容易消化牛奶。

但我最喜欢的还是格陵兰岛上的例子。1971 年，丹麦医学研究人员在医学期刊《柳叶刀》上发表了一项研究，声称鱼类和海洋哺乳动物中的高水平脂肪保护了岛上的原生因纽特人，使他们的心脏免受侵害。此言一出，在学界和大众中引起极大轰动，直接导致人们对 Omega-3 脂肪酸的狂热追捧，而且热潮至今未退。仅在美国，鱼油补充剂这个行业每年就有 10 亿美元的产出。

但在过去几年，这个故事变得更加复杂有趣。近来，伯克利大学的遗传学家拉斯姆斯·尼尔森（Rasmus Nielsen）及其同事编码格陵兰因纽特人的基因组，寻找适应极端条件的遗传标记。他们在一组基因中发现了调节脂肪，特别是 Omega-3 脂肪酸的基因突变。尼尔森认为，将血脂水平保持在健康范围内的是这些人的突变基因，而不是他们的高脂肪摄入。格陵兰岛上的人类从食物中获得的脂肪较多，作为平衡，他们的身体就很少产生脂肪。如果尼尔森的论断正确，那么只要你不是因纽特人，吃海洋哺乳动物和鱼类可能对你的心脏健康毫无裨益。

鱼油是不是 21 世纪骗人的万灵药？我们应该像《傻瓜大闹科学城》中的阿贡和梅利克那样讽刺地摇头吗？ 班和他的同事的原创研究受到广泛质疑，顶级医学杂志上已经发表许多临床研究，引起人们对鱼油补充剂的质疑。有关这个问题，我相信现在要得出结论仍为时尚早。时间终会告诉我们，鱼油是否会像风靡一时的小麦胚芽、有机蜂蜜和虎奶一样，被证明毫无益处。无论如何，拉斯姆斯·尼尔森的研究仍带给我们许多思考。限制格陵兰岛上的人类产生脂肪酸的基因表明，人类对饮食的适应可以迅速发展。这些证据还向我们强调，不同的人群适应的食物不同，具体情况根据其祖先的居住地和饮食而变。这种饮食差异的程度可能十分巨大，我们需要记住这一点：人类进化的环境复杂，根本没有单一的祖先饮食可供今人模仿。

张开嘴，看镜子

根据我们新的理解，人类天生该吃什么食物的问题没有意义，不过有关饮食与健康关系的进化观点仍然对我们有所助益。我们先来看看这本书最开始的部分——牙齿。张开嘴，看镜子，你的下牙有没有挤在一起，或者上牙向外凸出？你的智齿是否被拉高或者被拔掉？你有牙龈炎或牙周炎吗？很少有人能对以上所有问题给出否定回答。偶尔我们会在其他的动物身上发现一个龋洞或一颗歪牙，但本质上这些在它们身上还是比较少见的。这便要求我们从进化的角度考虑人类的口腔健康。如此一来我们会发现，今天我们口腔中的化学、生物、磨损，以及压力环境是独一无二的。虽然人类的饮食的确随时间和空间而变化，牙齿也在许多不同的条件下演变，但可以肯定，人类祖先的牙齿不像我们这样，天天泡在奶昔里，或是裹在太妃糖中。因此，我们没有在古人类化石中发现龋齿、牙龈疾病或正畸疾病的证据也就不足为奇。

我们在第 7 章中得知，碳水化合物会滋养牙菌斑，进而导致龋齿和牙周病。这些细菌会产生乳酸，腐蚀牙齿表面。它们还会产生毒素，使我们的免疫系统发挥作用，对牙龈、结缔组织和支撑牙齿的骨骼造成附带损伤。在发生新石器革命的一些地方，特别是美洲种植玉米的地区，牙齿健康率的下降与碳水化合物的消费增加有关（图 8.1）。但事事并非绝对如此，偶尔也有例外的时候。当黎凡特的人类开始种植小麦和大麦时，他们的龋齿发病率并没有变化，实际上对于以狩猎采集为生的纳图夫人，他们的牙齿疾病率高于之后的新石器时代的人类。随着农业的开始，龋齿的发病率一直在上升，和我们今天龋齿的发病率相比，早期农民的平均发病率只有一小部分而已。

真正的问题在于蔗糖或调味糖，它们帮助细菌黏着在牙齿上，使它们更容易固定、积累并生产乳酸。在工业革命之前，蔗糖并没有得

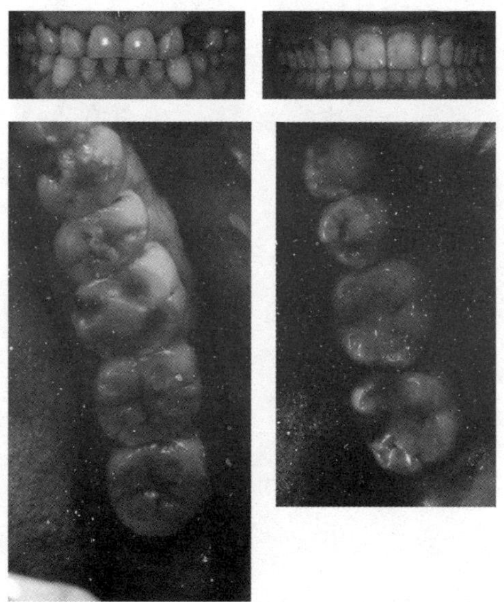

图 8.1　食用传统野生食物的当代狩猎采集者的牙齿（左图），与在“工业时代”饮食下生长的城市居民的牙齿（右图）的对比

两组人类牙齿的样本均来自坦桑尼亚北部。

到广泛使用，糖的滥用不过是十几代以前的事情，所以人类还没有足够的时间，发展出一种防止牙齿腐烂的方法。

这些信息能够帮助我们提升口腔健康吗？我们先来看看畸齿矫正。当我观察哈扎人的口腔时，我发现他们的牙齿很多，这是第一件让我震惊的事情。哈扎人大多拥有十几颗臼齿，而一个典型的美国牙科病人只有八颗臼齿。我们智齿内嵌的概率比狩猎采集者高出十倍。我们的智齿要么永远长不出来，要么因为口腔后端没有足够的空间供它生长而被牙医拔掉。说到这个问题，其实口腔前端也没有足够的空间。大多数人下牙的门齿或挤在一起，或是长歪，甚至还会出现龅牙，也就是上牙比下牙凸出的现象。古人类和晚期狩猎采集者的上下门齿通常能够完美地咬合在一起，并且下牙的边缘能够对齐，形成一个毫无瑕疵的拱形。这是因为，它们的牙齿和颌骨的尺寸完美匹配。

回顾第 7 章，下颌的长度取决于它在生长过程中必须承受的压力。

另外，牙齿的大小是根据自然对最终颌骨长度的最佳预测来进行匹配的。坚硬或强韧食物的饮食对所有牙齿意味着有足够的空间供其生长，而柔软食物的饮食可能会导致颌骨过短，牙齿的生长空间不足，导致前牙凸出，后牙挤压。我们今天的食物大多数是软化的加工食品，这和当下牙齿的正畸问题有相当大的关系。我们没能为颌骨提供它所需的锻炼。牙齿人类学家罗伯特·科鲁奇尼（Robert Corruccini）已经观察到印度昌迪加尔周边城市居民与农民之间的咬合差异，因为其中一些人吃软面包和捣碎的扁豆，另一些人吃粗小米和有韧性的蔬菜。在亚利桑那州，因为一个商业食品加工设施的开放，他也看到上代人和下代人的区别。饮食会造成很大差异。我的女儿们还年幼时，我曾央求妻子不要将肉切成小块喂给孩子。“让她们自己嚼吧！”可她却说，她宁愿支付牙箍的费用，也比让她们噎住的好。我还能说什么呢？

拥挤、弯曲、错位的牙齿和阻生齿在今天成了大问题。它们不仅会破坏我们的外观，而且可能会影响咀嚼，加速牙齿腐烂，并损害下颌的牙齿。十人中至少有八九人存在轻微的咬合不正，其中约一半人可以通过正畸矫正。需要再次提醒大家，这不是因为我们的牙齿太大，而是因为下颌太短，没有空间容纳牙齿。那么为什么大多数治疗方法都是拔除或修整牙齿，而不是令颌骨生长发育呢？我在阿肯色州有位名叫杰里·罗斯的同事，他是一位生物考古学家，和当地的正牙医师一起关注这个问题。你想知道他们的建议吗？他们建议临床医生关注颌骨的生长，特别是格外关注儿童的颌骨生成。而对于成年人来说，刺激骨骼生长的手术也在逐渐增多，这种疗法可以减少治疗所需的时间。我们可能会面临前所未有的口腔环境的挑战，并困在此处很长时间，但认识到这一点，可以帮助我们更好地解决问题。下一次微笑时，别忘了看着镜子。

致 谢

Evolution's Bite

我的导师、同事和学生让我学到许多东西，我把他们教会我的都写到这本书里，感谢他们每一个人。我很感激那些读过书中片段内容，尤其是那些慷慨地分享他们故事的人，他们是莱斯利·艾洛、亨利·布恩、图勒·赛凌、安德鲁·科恩、阿莉莎·克里滕登、法兹·克朗普顿、雷蒙德·达特、彼得·德梅纳克、迪安·福尔克、安·吉本斯、肯·格兰德、弗雷德·格林、克里斯汀·霍克斯、莱曼·杰勒迈、克利夫·乔利、里奇·凯、乔安娜·兰伯特、利奥·拉波特、克拉克·拉森、朱莉娅·李-索普、丹尼尔·莱文、彼得·卢卡斯、马克·马斯琳、斯科特·麦格劳、安德鲁·穆尔、丹尼·纳德尔、迈克·普拉夫坎、瑞克·波兹、梅利莎·雷米斯、迈克·理查兹、菲利普·赖特迈尔、杰里·罗斯、帕特·希普曼、贝姬·西格蒙、马特·施蓬海默、克里斯蒂娜·施泰宁格、鲍勃·萨斯曼、马克·蒂福德、弗朗西斯·撒里克、菲利普·托拜厄斯、伊丽莎白·弗尔巴、艾伦·沃克、马尔科姆·威廉姆森、理查德·兰厄姆、巴斯·赖特。

我也感谢理查德·艾利、亨利·布恩、图勒·赛凌、珍妮弗·克拉克、彼得·德梅纳克、约翰·弗利格尔、弗雷德·格林、阿兰·霍尔、朱莉娅·李-索普、斯科特·麦格劳、安德鲁·穆尔、丹尼·纳德尔、多洛雷丝·皮佩尔诺、瑞克·波兹、杰里·罗斯、马特·施蓬海默、鲍勃·萨斯曼、詹姆斯·扎克斯，感谢他们友善地让我在书中使用他们的图表和数据。

感谢两位匿名评论者深思熟虑的评论和建议，感谢苏珊·昂加尔在本书校对过程中给予的帮助，感谢马娅·维斯瓦尼为本书所做的杰出的编辑工作，感谢在本书出版过程中，艾莉森·卡莱特、珍妮·沃克维茨，以及其他普林斯顿大学出版社的工作人员对我的鼓励和支持。